ISW Forschung und Praxis

Berichte aus dem Institut für Steuerungstechnik
der Werkzeugmaschinen und Fertigungseinrichtungen
der Universität Stuttgart

Herausgeber: Prof. Dr.-Ing. G. Pritschow

Band 58

D 93

Mit 55 Abbildungen

ISBN 978-3-540-16150-9   ISBN 978-3-662-10126-1 (eBook)
DOI 10.1007/978-3-662-10126-1

Werner Renn

Struktur und Aufbau prozeßnaher Steuergeräte zur Verkettung in flexiblen Fertigungssystemen

Springer-Verlag Berlin Heidelberg GmbH 1986

Geleitwort des Herausgebers

In der Reihe „ISW Forschung und Praxis" wird fortlaufend über Forschungs-
ergebnisse des Instituts für Steuerungstechnik der Werkzeugmaschinen und
Fertigungseinrichtungen der Universität Stuttgart (ISW) berichtet, das sich in
vielfältiger Form mit der Weiterentwicklung des Systems Werkzeugmaschine
und anderer Fertigungseinrichtungen beschäftigt. Die Arbeiten dieses Instituts
konzentrieren sich im besonderen auf die Bereiche Numerische Steuerungen,
Prozeßrechnereinsatz in der Fertigung, Industrierobotertechnik sowie Meß-,
Regel- und Antriebssysteme, also auf die aktuellsten Bereiche, der Fertigungstechnik. Dabei stehen Grundlagenforschung und anwenderorientierte
Entwicklung in einem stetigen Austausch, wodurch ein ständiger Technologie-
transfer zur Praxis sichergestellt wird.

Die Buchreihe erscheint in zwangloser Folge und stützt sich auf Berichte über
abgeschlossene Forschungsarbeiten und Dissertationen. Sie soll dem Inge-
nieur bei der Weiterbildung dienen und ihm Hilfestellungen zur Lösung spezifi-
scher Probleme geben. Für den Studierenden bietet sie eine Möglichkeit zur
Wissensvertiefung. Sie bleibt damit unter erweitertem Namen und neuer Her-
ausgeberschaft unverändert in der bewährten Konzeption, die ihr der Gründer
des ISW, der leider allzu früh verstorbene Prof. Dr.-Ing. G. Stute, im Jahre 1972
gegeben hat.

Der Herausgeber dankt der Druckerei für die drucktechnische Betreuung und
dem Springer Verlag für Aufnahme der Reihe in sein Lieferprogramm.

G. Pritschow

<u>Vorwort</u>

Die vorliegende Arbeit entstand während meiner Tätigkeit als wissenschaftlicher Mitarbeiter am Institut für Steuerungstechnik der Werkzeugmaschinen und Fertigungseinrichtungen (ISW) der Universität Stuttgart.

Der verstorbene Gründer und Leiter des Instituts, Herr Prof. Dr.-Ing. G. Stute, schuf die Voraussetzungen für diese Arbeit. Dem kommissarischen Institutsleiter, Herrn Prof. Dr.-Ing. A. Storr, danke ich für die wohlwollende Unterstützung und Förderung, die in hohem Maße zu der Arbeit beigetragen hat.

Mein Dank gilt auch Herrn Prof. DTech. h. c. K. Tuffentsammer für seine Bereitschaft, den Mitbericht zu übernehmen.

Außerdem möchte ich allen Mitarbeiterinnen, Mitarbeiter und Studenten des Instituts danken, die durch Diskussionen und anregende Kritik zu dieser Arbeit beigetragen haben. Dieser Dank gilt insbesondere den Herren Dipl.-Ing. H. Fink, Dipl.-Ing. J. Fleckenstein, Dipl.-Ing. W. Grimm und Dipl.-Ing. M. Härdtner.

Werner Renn

Inhaltsverzeichnis

Abkürzungen

ASCII	American Standard Code for Information Interchange
AZ	Adreßzeiger
CNC	Computerized Numerical Control
EPROM	Erasable Programmable Read Only Memory
FA	Funktionsablauf
FE	Funktionseinheit
FG	Funktionsgruppe
FFS	Flexibles Fertigungssystem
f_{Is}	Kanalinformation für den Infrarotkanal s
f_{Ks}	Kanalträgerfrequenz für den Infrarotkanal s
HDLC	High Level Data Link Control Procedures
I_{ISEV}	Quadratische Vergleichsregelfläche
INK	Weginkrement
k_{rs}	Übergangsbedingung vom Zustand Zr zum Zustand Zs
LFG	Lageführungsgröße
n	Nummer der FE, FG oder FA
NC	Numerical Control (Numerische Steuerung)
NSB	Null-Statusbit
m	Zustandsnummer
p	Zahl der Speicherzellen pro Sprungbefehl
RAM	Random Access Memory
SDLC	Serial Data Link Control Procedures
SPR	Springe nach
SPS	Speicherprogrammierbare Steuerung
U_{a1}, U_{a2}	Phasenverschobene Rechteckspannungen des Winkelschrittgebers
U_N	Nullimpuls des Winkelschrittgebers
ÜBZm	Adresse der Übergangsbedingungen des Zustandes Zm
V.24	Standardschnittstelle für serielle Datenübertragung
T_z	Zykluszeit für Steuerungsprogramm
WZ	Werkzeug
WZFM	Werkzeugfördermittel
Zm	Zustandsvariable für den Zustand m
ZV	Adresse der Zustandsvariablen
ZSPV	Adresse des Zustandssprungverteilers

Formelzeichen

a	Führungsbeschleunigung
$b1...b3$	binäre Variable
B	Geschwindigkeitsstellbereich
D_A	Dämpfung Geschwindigkeitsregelkreis
D_L	Dämpfung Lageregelkreis
$e(k)$	Fehler zwischen theoretischer und berechneter Lageführungsgröße
f	Abtastfrequenz
F	Frequenzgang
k	Abtastschritt
k_1	Anzahl der Abtastschritte beim Beschleunigen
k_2	Anzahl der Abtastschritte bei v_s = konst
K_v	Geschwindigkeitsverstärkung
K_{vopt}	optimale Geschwindigkeitsverstärkung
n	Zahl der Achsen
n_1	Anzahl der Abtastschritte für den linearen Anstieg der Beschleunigungsrampe
n_2	Anzahl der Abtastschritte für den Bereich konstanter Beschleunigung
ω_{0A}	Kennkreisfrequenz Geschwindigkeitsregelkreis
ω_{0L}	Kennkreisfrequenz Lageregelkreis
Q	Auflösung Meßsystem
s	Abweichung der berechneten Lageführungsgröße vom theoretischen Sollwert
t_1	Zeitabschnitt für den linearen Anstieg der Beschleunigungsrampe
t_2	Zeitabschnitt für konstante Beschleunigung
t_3	Zeitabschnitt für linearen Abfall der Beschleunigungsrampe
T	Abtastzeit
T_A	Antriebszeitkonstante
t_a	Anfahrzeit
t_b	Bremszeit
t_l	Fahrzeit während v_s = konst

t_P Positionierzeit

T_R maximale Rechenzeit pro Achse und Abtastintervall

u_S Geschwindigkeits-Sollwert (im stationären Zustand identisch mit v_S)

$u_S(k)$ zeitdikreter Geschwindigkeits-Sollwert

v_S programmierte Führungsgeschwindigkeit

$v_S(k)$ zeitdiskrete Führungsgeschwindigkeit

$v_S'(k)$ gemittelte, zeitdiskrete Führungsgeschwindigkeit zwischen zwei Abtastintervallen

W Wortbreite des Digital-Analogwandlers

Δx Schleppabstand

x_i Lage-Istwert

$x_i(k)$ zeitdiskreter Lage-Istwert

x_S Zielposition

$x_S(k)$ zeitdiskrete Lageführungsgröße

$\Delta x_S(k)$ Zuwachs der Lageführungsgröße zum Zeitpunkt k

x_{sa} Anfahrweg

x_{sb} Bremsweg

x_{sBI} Ist-Bremsposition

x_{sBS} Soll-Bremsposition

x_{sl} Wegstrecke mit v_S = konst

<u>Symbole</u>

$\vee$ Disjunktion

$\wedge$ Konjunktion

$\overline{b}$ Negation von b

1 Einleitung

Ein flexibles Fertigungssystem besteht aus mehreren Bearbeitungsstationen, die über ein gemeinsames Förder- und Steuersystem verkettet sind. Die Ausführung der Fördermittel für die werkstück- und werkzeugbezogene Verkettung der Bearbeitungsstationen hängt vom Teilespektrum, dem Werkstückträger, dem Arbeitsraum und der Genauigkeit und Reproduzierbarkeit der Aufnahme- und Absetzpositionen ab.

So werden in flexiblen Fertigungssystemen induktiv- oder schienengeführte Fördermittel eingesetzt. Erstere benötigen zur Führung, außer der Verlegung des Leitdrahtes im Boden, keine weiteren mechanischen Installationen und dienen im Vergleich zu den schienengeführten Fördermitteln vorzugsweise für den Transport größerer Werkstückpaletten. Ihrem großen Aktionsradius steht die geringe Verfahrgeschwindigkeit und Positioniergenauigkeit gegenüber. Die schienengeführten Fördermittel bedürfen zusätzlicher Führungselemente, erlauben aber dadurch die direkte Integration in die Fertigungseinrichtung (z. B. Ladeportal in einer flexiblen Fertigungszelle). Aufgrund ihrer hohen Verfahrgeschwindigkeit und Positioniergenauigkeit liegt ihr Einsatzbereich vorzugsweise im Fördern von Werkzeugen und kleineren Werkstücken, außerdem ermöglichen sie Operationen direkt im Arbeitsraum der Bearbeitungsstation.

Voraussetzung dafür sind numerisch gesteuerte Positioniervorgänge des Fördermittels. Neben der Verarbeitung geometrischer Steuerdaten (Lageführungsgrößenerzeugung, Lageregelung) muß die prozeßnahe Steuerung zur Verkettung - im folgenden auch numerische Fördermittelsteuerung genannt - Aufgaben im Bereich der Funktionssteuerung übernehmen. Dazu zählt vor allem die Steuerung der Abläufe "Fördergut aufnehmen" und "Fördergut absetzen". Ein weiteres Problem ist die zeitliche und logische Koordination dieser Aufgaben innerhalb der numerischen Fördermittelsteuerung.

Die Integration der numerischen Fördermittelsteuerung in den Informationsfluß und die Steuerungsstruktur eines flexiblen Fertigungssystems erfordert eine entsprechende Gerätestruktur und Schnittstellen zur Kommunikation. Ein weiterer Aspekt ist die Installation der numerischen Fördermittelsteuerung. Neben der Unterbringung in einem stationären Steuerschrank ist auch eine teilweise Auslagerung von Steuerungskomponenten und Funktionen bis zur Installation des kompletten Steuergeräts im mobilen Fördermittel denkbar. In diesem Zusammenhang sind vor allem die Probleme Raumbedarf, Energie- und Informationszuführung, Diagnose, Bedienung sowie Inbetriebnahme und Test zu sehen.

Es ist Ziel dieser Arbeit, ausgehend von der Analyse der Anforderungen, ein Konzept für eine prozeßnahe Steuerung zur Verkettung in flexiblen Fertigungssystemen zu entwikkeln und in einer Pilotanlage zu erproben.

2 Einführung in die Problematik verketteter Fertigungseinrichtungen

Zuerst sollen einige Grundbegriffe der Transport- bzw. Fördertechnik definiert werden. Außerdem werden einführend am Beispiel eines flexiblen Fertigungssystems (FFS) die Problematik der Verkettung und die dazu notwendigen Mittel und Maßnahmen aufgezeigt.

2.1 Definitionen

Transporttechnik-Fördertechnik-Verkehrstechnik

Laut /1,2/ bildet die Transporttechnik den Überbegriff zur Förder- und Verkehrstechnik. Während man unter der Transporttechnik allgemein die "Technik zum Fortbewegen von Gütern und Personen in beliebiger Richtung und über beliebige Entfernung" versteht, gilt für die Fördertechnik sinngemäß dieselbe Definition, jedoch mit der Einschränkung, daß sich der "Transport" auf einen abgegrenzten, betrieblichen Bereich beschränkt. Die Verkehrstechnik beinhaltet das "Fortbewegen von Gütern und Personen in beliebiger Richtung und über beliebige Entfernung auf der Straße, der Schiene, dem Wasser- oder Luftwege" (Bild 2.1).

Da ein FFS einen abgegrenzten, innerbetrieblichen Bereich darstellt, wird im folgenden das Bewegen von Werkstücken und Werkzeugen innerhalb des FFS als "Fördern" bezeichnet und die damit in Zusammenhang stehenden Begriffe wie Fördertechnik, Fördermittel oder Förderzeug, Fördermittelsteuerung usw. verwendet.

Aufnehmen-Absetzen

Unter Aufnehmen und Absetzen werden Vorgänge bezeichnet, die beim Übergang des Förderguts auf und beim Abgang von einem Fördermittel notwendig sind. Dabei wird das Aufnehmen und Absetzen vom Fördermittel selbst ausgeführt.

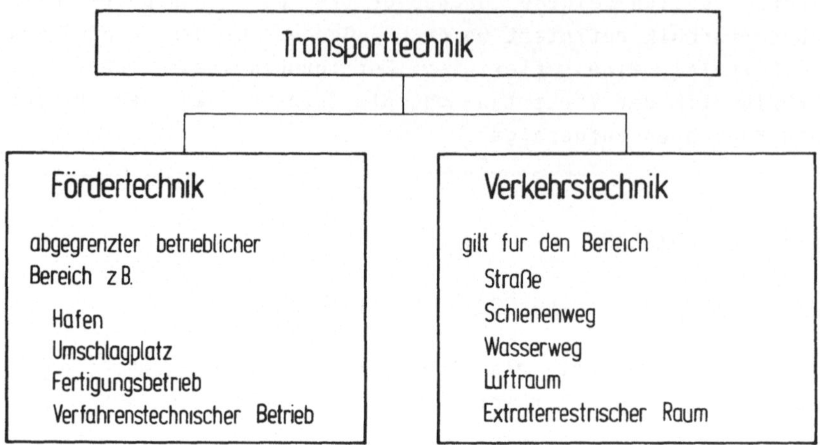

<u>Bild 2.1</u>: Transporttechnik als Überbegriff zur Förder- und Verkehrstechnik /1/

<u>Materialfluß-Verkettung</u>

In VDI 3300 /3/ wird der Materialfluß gegliedert in einen außerbetrieblichen Materialfluß der ersten Stufe und einen innerbetrieblichen Materialfluß der dritten und vierten Stufe. Zum Materialfluß der dritten und vierten Stufe innerhalb des Fertigungsbereiches gehören:
- Werkstückfluß;
- Werkzeugfluß;
- Hilfsstofffluß;
- Abfallstofffluß.
Für den räumlich begrenzten, automatisierten Werkstück- und Werkzeugfluß der dritten und vierten Stufe verwendet man in

der Fertigungstechnik auch den Begriff "Verkettung", darunter versteht man die werkstückseitige und werkzeugbezogene Verkettung /4/.

2.2 Funktionen flexibler Fertigungssysteme

Kennzeichnend für ein FFS sind mehrere Bearbeitungsstationen, die über ein gemeinsames Fördersystem hinsichtlich des Werkzeug- und Werkstückflusses verkettet sind. Ein FFS erlaubt eine Bearbeitung in einer nicht durch Umrüsten unterbrochenen Folge /5,6/. Dementsprechend erhält man eine Einteilung in Arbeits- und Verkettungsfunktionen (Bild 2.2).

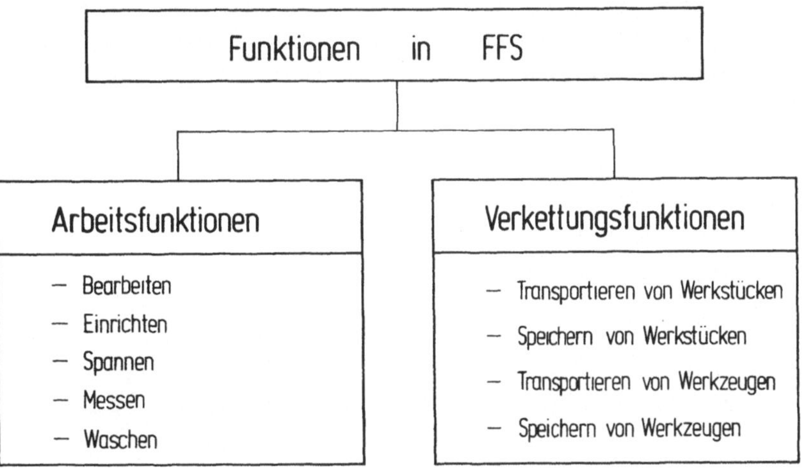

Bild 2.2: Funktionen in flexiblen Fertigungssystemen /5/

Die Arbeitsfunktionen werden von den Arbeitstationen ausgeführt und lassen sich in Arbeitsvorgänge gliedern. Als Arbeitsvorgänge werden alle Arbeiten an den Werkstücken bezeichnet, die unmittelbar einen Fertigungsfortschritt bewirken /5/. Dazu gehören auch Arbeitsvorgänge, die keine

Veränderung der Werkstückgeometrie beinhalten, wie zum
Beispiel Messen, Waschen usw.   Als Verkettungsfunktionen
bezeichnet man das Speichern der Werkstücke, das Fördern
zwischen den Arbeitsstationen und dem Werkstückspeicher
sowie das Bereitstellen und Fördern der notwendigen Werkzeuge. Da die prozeßnahe Steuerung zur Verkettung Thema
dieser Arbeit ist, soll im folgenden Abschnitt einführend
auf die möglichen Fördermittel in FFS eingegangen werden.

2.3 Fördermittel zur Verkettung in FFS

Die Fördermittel haben die Aufgabe, die Arbeitsstationen
und Speicher innerhalb des FFS über den Fluß des Förderguts
(Werkstücke und Werkzeuge) zu verketten. /4/ enthält eine
systematische Klassifizierung von Fördermitteln anhand der
Kriterien
- Förderprinzip;
- Fördergutbewegung;
- Bewegungseinleitung;
- Krafteinleitung;
- Führung.

Tabelle 2.3 gibt ausgehend von diesen Kriterien eine Über-
sicht über Fördermittel, wie sie zur Verkettung in FFS
geeignet sind. Es sei angemerkt, daß der Begriff Führung
nicht die Führung des Fördermittels im Sinne von schienen-
geführt oder induktiv geführt beinhaltet, sondern die Art
der Fördergutführung auf dem Fördermittel beschreibt. Diese
Führungsart hängt unmittelbar von der Fördergutbewegung ab.
Man unterscheidet Fördergutbewegungen mit oder ohne Relativbewegung zur Auflage. Unter Auflage (Lastaufnahmemittel)
wird die Aufnahme des Förderguts auf dem Fördermittel verstanden. Die Aufnahme kann kraft- oder formschlüssig sein.
Die konstruktive Ausführung der Fördermittel ist abhängig
vom Teilespektrum, der Gestaltung und Kapazität der Speicher, der Realisierung des Werkstückträgers und der zugrunde gelegten Förderstrategie /7,8/.

Kriterien / Fördermittel	Förderprinzip	Fördergutbewegung	Bewegungseinleitung	Krafteinleitung	Führung	Fördergeschwindigkeit m / s
Induktiv geführtes Flurförderzeug	unstetig - flurgebunden	ohne Relativbewegung zur Auflage	translatorisch	indirekt - dezentral	Auflage	0,3· 1,2
Schleppkreis - förderer	stetig - flurfrei	ohne Relativbewegung zur Auflage, form - schlüssige Aufnahme	umlaufend	indirekt - zentral	Auflage	0,2 · 0,5
Regalförderzeug	unstetig - flurgebunden	ohne Relativbewegung zur Auflage, form - schlüssige Aufnahme	translatorisch	indirekt - dezentral	Auflage	0,5· 1,5
Angetriebener Transportwagen	unstetig - flurfrei oder flurgebunden	ohne Relativbewegung zur Auflage, form - schlüssige Aufnahme	translatorisch	indirekt - dezentral	Auflage	0,5 1,5
Schienenhängebahn	unstetig - flurfrei	ohne Relativbewegung zur Auflage, form - schlüssige Aufnahme	translatorisch	indirekt - dezentral	Auflage	0,5···1,5
Bandförderer	stetig - flurgebunden	ohne Relativbewegung zur Auflage, kraft- schlüssige Aufnahme	umlaufend	direkt - kraftschlüssig	Führungs - elemente	0,1···0,5
Angetriebene Rollenbahn	stetig - flurgebunden	mit Relativbewegung zur Auflage	rotatorisch	direkt - kraftschlüssig	Führungs- elemente	0,4
Handhabungsgerät (fahrbar + stationär)	unstetig - flurgebunden	ohne Relativbewegung zur Auflage, form- schlüssige Aufnahme	translatorisch	indirekt - dezentral	Auflage	0,5 ·2,5
Ladeportale	unstetig - flurfrei	ohne Relativbewegung zur Auflage, form - schlüssige Aufnahme	translatorisch	indirekt - dezentral	Auflage	0,5···2

Tabelle 2.3: Unterscheidungsmerkmale von Fördermitteln in FFS

Im Rahmen dieser Arbeit werden nur schienengebundene Fördermittel (Ausnahme stationäres Handhabungsgerät) mit unstetigem Förderprinzip, ohne Relativbewegung zwischen Fördergut und Auflage, translatorischer Bewegungseinleitung sowie indirekter, dezentraler Krafteinleitung betrachtet. Diese Auswahl berücksichtigt vor allem die Anwendungsbereiche von Fördermitteln, bei denen zum Einhalten von Übergabe- und Wechselpositionen eine hohe Positioniergenauigkeit und Reproduzierbarkeit gefordert wird /9/. Dies läßt sich wirtschaftlich mit den schienengeführten Fördermitteln in Verbindung mit der NC-Technik erreichen /10/. Zu diesen Fördermitteln gehören:
- Regalförderzeug;
- Angetriebener Transportwagen;
- Fahrbares Handhabungsgerät;
- Ladeportal.
Induktivgeführte Flurförderzeuge sind vom steuerungstechnischen Aufwand durchaus mit numerisch gesteuerten Fördermitteln vergleichbar, ihre Positioniergenauigkeit von ca. 5 mm liegt jedoch deutlich unter der von schienengeführten Fördermitteln von ca. 0,1 mm, weshalb sie bei der obigen Auswahl nicht berücksichtigt wurden. Beim Einsatz nicht schienengeführter Fördermittel in FFS sind deshalb spezielle Palettenwechseleinrichtungen vor der jeweiligen Bearbeitungsmaschine notwendig, um ein genaues Einbringen der Paletten in die Bearbeitungsposition zu erreichen /11/. Eine andere Alternative ist die mechanische Indexierung des Fördermittels am Übergabeplatz.

2.4 Stand der Technik und Zielsetzung der Arbeit

2.4.1 Bewertung bestehender Verfahren in der Fördertechnik

Die Anforderungen an die Fördermittelsteuerung in der Fördertechnik unterscheiden sich hinsichtlich Art und Genauigkeit der Positionierung von denen in der Fertigungstechnik.

Aus Gründen der Vollständigkeit soll in diesem Abschnitt der Stand der Steuerungstechnik bei Fördermaschinen (Regalförderzeuge, Aufzüge, Schienenfahrzeuge), soweit für diese Arbeit relevant, kurz dargestellt werden.

Aufgrund der geringen Anforderungen an die Positioniergenauigkeit von ca. 5 mm bei Regalförderzeugen wird das Fördermittel mit Hilfe polumschaltbarer Drehstromasynchronmotoren über Abschaltkreise positioniert. Mit Erreichen des Vorabschaltpunktes wird der Antrieb auf Schleichdrehzahl umgeschaltet und mit Ansprechen des Genaupunktes abgeschaltet. Beim Einsatz von Regalförderzeugen in der Fertigungstechnik ist jedoch zum direkten Aufnehmen und Absetzen des Förderguts zwischen Fördermittel und Bearbeitungsmaschine ein wesentlich genaueres Positionieren erforderlich, das neben der Lageregelung eine zeitabhängige Vorgabe des Lagesollwertes (Lageführungsgröße) notwendig macht.

In /12,13,14/ werden Verfahren und Steuergeräte zur Fahrkurvenberechnung oder Leitsollwertvorgabe für Fördermaschinen behandelt. Unter Leitsollwertvorgabe wird nach /13/ die wegabhängige Geschwindigkeitsführung von Fördermaschinen verstanden. Demnach hat die Leitsollwertvorgabe die genaue wegabhängige und zeitliche Beeinflussung des Geschwindigkeitssollwertes des Antriebssystems zum Ziel, während im Rahmen dieser Arbeit bei der Lageführungsgrößenerzeugung die zeitliche Beeinflussung des Lagesollwertes im Vordergrund steht. <u>Bild 2.4</u> soll die Unterschiede zwischen Leitsollwertvorgabe und Lageführungsgrößenerzeugung verdeutlichen. Bei der Leitsollwertvorgabe wird der zeitliche Verlauf der Sollgeschwindigkeit $v_S(t)$ in Abhängigkeit der Beschleunigung, des Weges und der maximalen Geschwindigkeit berechnet. Dagegen wird bei der Lageführungsgrößenerzeugung der Lagesollwert $x_S(t)$ ausgehend von der Zielposition, der Beschleunigung und der programmierten Geschwindigkeit gebildet.

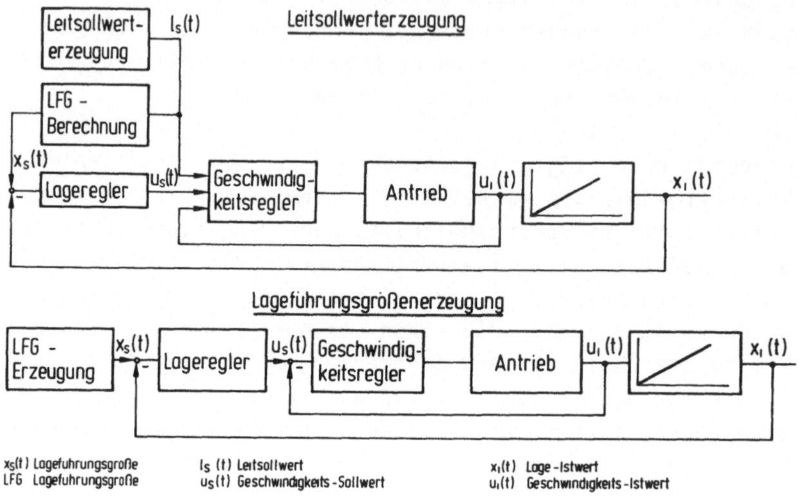

Bild 2.4: Leitsollwertvorgabe und Lageführungsgrößenerzeugung

Die Leitsollwertvorgabe nach /14/ beinhaltet im Gegensatz zu /12,13/ keine übergeordnete Lageregelung. Die Lageführungsgröße wird in /12,13/ direkt aus dem Leitsollwert berechnet (vgl. **Bild 2.4**).

Die Erzeugung des Leitsollwertes nach /12,14/ geschieht rein hardwaremäßig nach den bekannten Prinzipien des DDA-Verfahrens /10/ bzw. der digitalen Frequenzsynthese und ist dementsprechend geräteintensiv und wenig flexibel.

2.4.2 Stand der Technik in der Fertigungstechnik

Zur Realisierung von FFS werden im maschinenbaulichen Bereich dieselben Komponenten wie bei der Fertigung mit Einzelmaschinen eingesetzt. Bearbeitungszentren, Dreh- und

Fräsmaschinen, Mehrkoordinatenmeßgeräte sowie Sondermaschinen sind wesentliche Bestandteile von FFS. Mit speziellen Verkettungseinrichtungen, die hauptsächlich vom zu fertigenden Teilespektrum abhängen, erreicht man die für FFS kennzeichnende, materialflußseitige Verkettung der Bearbeitungsstationen.

Ähnliche Verhältnisse sind im Bereich der Steuergeräte für FFS gegeben. So kommen in der prozeßnahen Steuerungsebene /15/ mit numerischen Steuerungen (NC) für die Geometrieverarbeitung und mit speicherprogrammierbaren Steuerungen (SPS) für die Verarbeitung von Schaltfunktionen sowie als Ablaufsteuerung /16/ Steuergeräte wie bei der Steuerung von Einzelmaschinen zur Anwendung. Mit diesen Steuergeräten können die Anforderungen hinsichtlich der Steuerung der Bearbeitungsstationen in FFS unter Voraussetzung entsprechender Datenschnittstellen (DNC-Schnittstellen bzw. serielle Standardschnittstellen /17,18/) befriedigend erfüllt werden. Dagegen sind die Anforderungen an die Fördermittelsteuerung mit diesen Steuergeräten nur teilweise erfüllbar.

Unter dem Begriff Fördermittelsteuerung wird in dieser Arbeit nicht die organisatorische Steuerung der Fördermittel, nämlich die Generierung von Transportsteuerdaten /5/ verstanden, sondern die Steuerung des eigentlichen Förderablaufes, wie Positionieren des Fördermittels, Aufnehmen und Absetzen des Förderguts sowie der Datenaustausch mit anderen Steuerungsebenen innerhalb des FFS. Fördermittelsteuerungen sind unter anderem durch die Art der Positionierung des Fördermittels gekennzeichnet. So wird in Abhängigkeit von der geforderten Positioniergenauigkeit entweder mittels Abschaltkreisen oder über Lagemeßsysteme positioniert. Im ersteren Fall genügt für die Steuerung des Fördermittels eine konventionelle SPS, während im letzten Fall die Fördermittelsteuerung zusätzliche Funktionen, wie Führungsgrößenerzeugung und Lageregelung (numerisch gesteuerter Positioniervorgang) beinhalten muß. Fördermittelsteuerungen auf der Basis von Abschaltkreisen sind nicht Gegenstand dieser Arbeit. Als Steuergeräte für numerisch gesteuerte Fördermittel werden ähnlich wie zur Steuerung von Bearbeitungsmaschinen NC's für die Positionierung des Fördermittels und SPS für die Steuerung des Aufnahme- und Absetzvorgangs eingesetzt /19,20/. Diese Steuergerätekonfiguration ist als numerische Fördermittelsteuerung aus folgenden Gründen nur bedingt geeignet:

- Die Anforderungen an numerische Steuerungen für den Einsatz in der Fertigungstechnik sind gekennzeichnet durch hohe Bahntreue und Positioniergenauigkeit bei kleinen Vorschubgeschwindigkeiten. Dagegen stehen bei numerischen Fördermittelsteuerungen Kriterien, wie hohe Verfahrgeschwindigkeit und optimale Anpassung der Lageführungsgröße bzw. des zeitlichen Verlaufs der Führungsbeschleunigung an den Prozeß, im Vordergrund. So ist bei der Erzeugung der Lageführungsgröße weniger die Bahntreue von Bedeutung - bei Fördermittelsteuerungen genügt Punkt- bzw. Streckensteuerungsverhalten /7/ - sondern vielmehr ein schneller Positioniervorgang (Reduzierung der Förderzeiten) ohne Überschwingen, bei gleichzeitiger Beschränkung der dynamischen Beanspruchung der Fördermittelmechanik (Führungselemente, Lager) und der Antriebssysteme (Kupplungen, Getriebe sowie mechanische Bauelemente zur Umsetzung der Rotationsbewegung in eine translatorische Bewegung wie z. B. Ritzel und Zahnstange). Numerische Standardsteuerungen mit rampenförmiger Lageführungsgrößenerzeugung erfüllen diese Anforderungen nur eingeschränkt.

- Für den Informationsaustausch zwischen NC und SPS einerseits und der übergeordneten Steuerung andererseits sind zu wenige, den Anforderungen entsprechende Datenschnittstellen vorhanden. In diesem Zusammenhang ist auch der fehlende Durchgriff über die SPS auf Daten und Funktionen der NC und umgekehrt zu sehen (Fensterfunktion) /21/.

- Ein weiteres Problem ist der Test und die Inbetriebnahme von Fördermittelsteuerungen. Da die Fördermittelsteuerung nicht grundsätzlich in einem stationären Steuerschrank installiert ist, sondern als mitfahrende Steuerung ins Fördermittel integriert sein kann, können herkömmliche Inbetriebnahme- und Testhilfen wie Programmiergerät, Emulator usw. nicht herangezogen werden /22/.
  In diesem Falle müssen besondere Inbetriebnahmefunktionen
  in der Fördermittelsteuerung implementiert werden und
  über die im Steuersystem vorhandenen Standarddatenschnitt-
  stellen bedienbar sein /18/.

- Der Einsatz zweier, im wesentlichen autarker Steuergeräte als numerische Fördermittelsteuerung ist sowohl vom
  Preis als auch vom Platzbedarf (mitfahrende Steuerung)
  her unwirtschaftlich, da NC und SPS in einem separaten
  Gehäuse mit den zugehörigen Stromversorgungen untergebracht sind. Oft ist die Zahl der binären Ein-/Ausgänge
  für die zu verknüpfenden Schaltfunktionen zu gering, um
  für die Verarbeitung dieser Signale eine separate SPS
  zu rechtfertigen.

Es besteht deshalb die Notwendigkeit, Lösungsansätze für
die dargestellte Problematik bei numerischen Fördermittelsteuerungen aufzuzeigen. Ziel dieser Arbeit ist es, ausgehend von fördermittelspezifischen Anforderungen in FFS,
ein Konzept für eine prozeßnahe Steuerung zur Verkettung
in flexiblen Fertigungssystemen zu erarbeiten, das schwerpunktmäßig die Verarbeitung von binären Schaltfunktionen
und geometrischen Steuerdaten sowie die interne Ablaufsteuerung beinhaltet.

3 Analyse der Aufgaben, Anforderungen und Strukturen von numerischen Fördermittelsteuerungen

3.1 Einordnung und Aufgaben

Die Steuerungsaufgaben in flexiblen Fertigungssystemen können entsprechend <u>Bild 3.1</u> in drei Ebenen eingeteilt werden /7,23/.

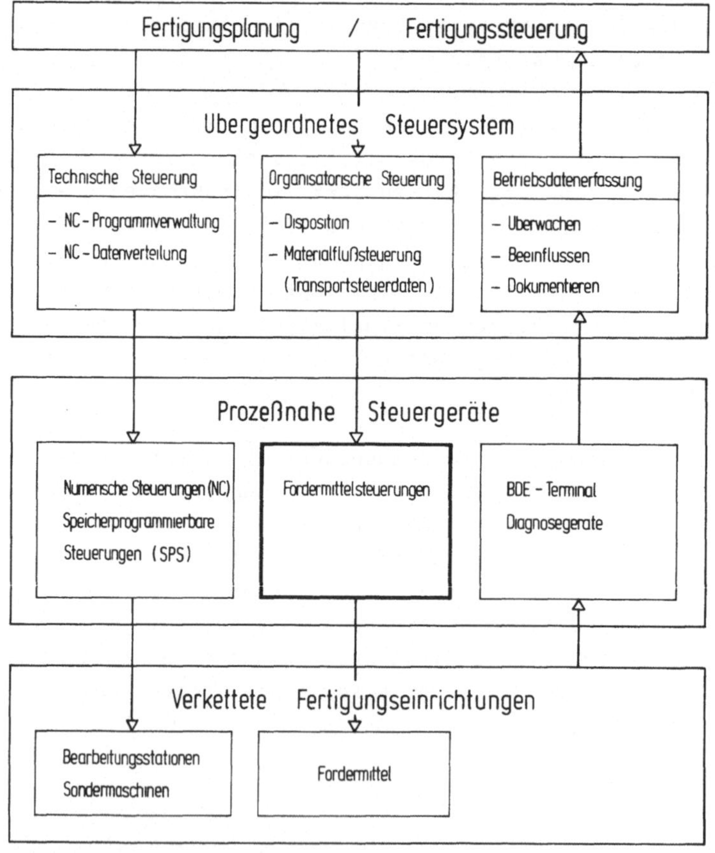

BDE Betriebsdatenerfassung

<u>Bild 3.1</u>: Steuerungsebenen in flexiblen Fertigungssystemen

Diese beinhalten die Aufgaben Arbeitsplan- und NC-Programmerstellung, Maschinenbelegungsplan sowie Kapazitäts- und und Terminplanung in der Ebene Fertigungsplanung und Fertigungssteuerung, technische und organisatorische Steuerung mit Betriebsdatenerfassung in der Ebene übergeordnete Steuerung und im Bereich der prozeßnahen Steuergeräte die Steuerung der Bearbeitungsstationen und Fördermittel. Entsprechend **Bild 3.1** sind die Fördermittelsteuerungen sowohl funktional als auch gerätemäßig bei den prozeßnahen Steuergeräten einzuordnen. Die Fördermittelsteuerung erhält die abzuarbeitenden Steuerdaten von der übergeordneten Materialflußsteuerung in Form von Förderaufträgen. Den Förderaufträgen entsprechen die Fördermittelfunktionen Fördergut aufnehmen bzw. absetzen und der eigentliche Fördervorgang.

Es ist Aufgabe der numerischen Fördermittelsteuerung, die Stellsignale für die Stellglieder des Fördermittels hinsichtlich der Größe und zeitlichen Reihenfolge (Ablauf) so zu erzeugen bzw. zu überwachen, daß der gewünschte Fördervorgang ausgeführt wird. Die Fördermittelsteuerung quittiert der übergeordneten Materialfußsteuerung den ausgeführten Förderauftrag oder übergibt eine entsprechende Fehlermeldung.

3.2 Anforderungen an numerische Fördermittelsteuerungen

Im folgenden werden die Anforderungen an numerische Fördermittelsteuerungen beim Einsatz in flexiblen Fertigungssystemen analysiert und dargestellt. Es ist Ziel dieses Abschnitts, ausgehend von diesen Anforderungen, die notwendigen Steuerungsfunktionen zur Konzeption einer numerischen Fördermittelsteuerung festzulegen. Diese Anforderungen - gegliedert in prozeßbedingt und FFS-spezifisch - sind zusammenfassend in **Bild 3.2** mit den zugehörigen Steuerungs- und Datenverarbeitungsfunktionen dargestellt.

3.2.1 <u>Anforderungen vom Prozeß</u>

Die Anforderungen vom Prozeß lassen sich unmittelbar aus den Aufgaben des Fördermittels ableiten. Diese Anforderungen werden unterschieden nach ungestörtem- bzw. gestörtem Betrieb. Eine wesentliche Aufgabe des Fördermittels ist der "Transport" des Förderguts von einer Position P1 zu einer Position P2. Das Fördermittel muß, ausgehend von der Position P1, definiert auf die programmierte Geschwindigkeit beschleunigen, mit dieser Geschwindigkeit einen bestimmten Wegabschnitt durchfahren und anschließend so verzögern (bremsen), daß das Fördermittel ohne Überschwingen in die Position P2 einfährt und unabhängig von äußeren Kräften und Momenten in dieser Position verharrt.

Anforderungen an numerische Fördermittelsteuerungen			Steuerungsfunktionen	Datenverarbeitungsfunktionen
prozeßbedingt	ungestörter Betrieb	Fördergut bewegen	Führungsgrößenerzeugung Lageregelung	Wortverarbeitung (Arithmetik)
		Fördergut aufnehmen/ absetzen	Funktionssteuerung	Bitverarbeitung (Logische Verknüpfung)
		Aufgabenverwaltung	Interne Ablaufsteuerung	Wortverarbeitung (Taskverwaltung)
	gestörter Betrieb	Verfügbarkeit / Betriebssicherheit	Diagnose	Wort-und Bitverarbeitung
		Integrierte Testfunktionen (bei mitfahrender Steuerung)	Monitor	Wort-und Bitverarbeitung
FFS-spezifisch		Ankopplung übergeordnetes Steuersystem / Bedienung	Datenübertragungs - schnittstellen	Wortverarbeitung (Datenaufbereitung und -wandlung)

<u>Bild 3.2</u>: Anforderungen an numerische Fördermittel-
steuerungen

Die hierzu notwendigen Steuerungsfunktionen sind einmal die Lageführungsgrößenerzeugung (LFG) und die Lageregelung /24/. Dabei ist es wichtig, die Führungsbeschleunigung nicht nur betragsmäßig sondern auch als lineare Funktion der Zeit vorgeben zu können. Die Vorgabe einer sprungförmigen aber betragsmäßig begrenzten Führungsbeschleunigung kann z.B. bei Regalförderzeugen aufgrund der ungünstigen kinetischen Verhältnisse (Fördergutaufnahme beladen und auf maximale Höhe ausgefahren) sowohl beim Anfahren als auch beim Einfahren in die Position zu Schwingungen des Fördermittels führen. Dies läßt sich durch entsprechende Gestaltung der Lageführungsgröße vermeiden. Positionsabweichungen aufgrund von Störgrößen, wie Last, Temperatur usw. sind mit einem geschlossenen Lageregelkreis auszuregeln. Die Auslegung dieses Lageregelkreises hängt von der geforderten Positioniergenauigkeit und von der Struktur und der Dynamik der Regelstrecke ab.

Eine weitere Aufgabe des Fördermittels ist das Aufnehmen und Absetzen des Förderguts. Dieser Vorgang kann sich aus einer Folge elementarer Bewegungen wie Heben, Senken, Drehen, Einfahren, Ausfahren, Spannen und Entspannen zusammensetzen. Es ist Aufgabe der Fördermittelsteuerung, die einzelnen Bewegungen unter Berücksichtigung von Verriegelungsbedingungen in ihrem zeitlichen Ablauf so zu steuern, daß die gewünschten Aufnahme- und Absetzfunktionen ausgeführt werden (Funktionssteuerung).

Die den Anforderungen entsprechenden Steuerungsfunktionen müssen innerhalb der numerischen Fördermittelsteuerung zeitlich koordiniert und verwaltet werden. Es ist Aufgabe der internen Ablaufsteuerung, abhängig von der auszuführenden Fördermittelfunktion, die zugehörige Task)[1] zu aktivieren, zu starten und wieder zu beenden. Dazu gehört auch die Unterbrechung einer laufenden Task durch eine höherpriore Task. Sowohl die Tasks als auch die Taskverwaltung

1) Gemäß /25/ wird ein Teilprozeß als Task bezeichnet, dem eine bestimmte Befehlsfolge eines Rechenprogramms und eine bestimmte Priorität zugeordnet ist.

sind so zu konzipieren, daß die zeitlichen Anforderungen
hinsichtlich der Abtastzeit der Lageregelkreise und der
Zykluszeit der Funktionssteuerung erfüllt werden.

Da es sich bei flexiblen Fertigungssystemen um kapitalin-
tensive Anlagen handelt, wird beim Betrieb von FFS ein ho-
hes Maß an Verfügbarkeit und Betriebssicherheit gefordert.
Diese Forderung gilt in gleicher Weise für alle Komponenten
des FFS, da aufgrund der intensiven Verkettung die Gesamt-
verfügbarkeit unmittelbar von der Teilverfügbarkeit der
Komponenten abhängt. Ein Mittel, hohe Verfügbarkeit zu gewährleisten, ist neben der Zuverlässigkeit der einzelnen
Komponenten eine kurze Fehlersuch- und Reparaturdauer durch
Anwendung von Diagnosefunktionen zur steuerungsexternen
Diagnose /26/. Diese Diagnosefunktionen sind möglichst in
die Fördermittelsteuerung zu integrieren.

Eine besonders im Zusammenhang mit Fördermittelsteuerungen
stehende Anforderung ist die Testbarkeit von mitfahrenden
Steuerungen. Herkömmliche Testhilfsmittel können wegen der
notwendigen Kabelverbindungen nicht eingesetzt werden. Die
zeitweise Installation von Testgeräten in das sich bewegende Fördermittel scheidet meist aufgrund der Raumverhältnis-
se und der mechanischen Konstruktion des Fördermittels aus.
Deshalb müssen bestimmte Test- und Debugfunktionen (Monitor)
als weitere Funktionen in die numerische Fördermittelsteuerung integriert werden und sowohl im Einrichtebetrieb als
auch im Automatikbetrieb aufruf- und bedienbar sein.

3.2.2 FFS-spezifische Anforderungen

Diese Anforderungen ergeben sich aus dem Einsatz des Fördermittels in flexiblen Fertigungssystemen. So sind die
Fördermittelsteuerungen innerhalb des gesamten Steuerungssystems des FFS als autarke, dezentrale Steuergeräte zu
betrachten. Um die vorgegebenen Steuerdaten aus der über-

geordneten Steuerungsebene verarbeiten und quittieren zu können, sind entsprechende Datenschnittstellen für die Kommunikation notwendig. Aus Gründen der Standardisierung ist es zweckmäßig, innerhalb des Steuerungssystems mit standardisierten Schnittstellen für die Datenübertragung zu arbeiten /18/. Diese Datenübertragungsschnittstellen erlauben die Bedienung des Fördermittels entweder durch die übergeordnete Steuerungsebene oder durch Anschluß eines Terminals (Einrichtebetrieb).

3.3 Strukturen von numerischen Fördermittelsteuerungen

3.3.1 Funktionale Gliederung

Ordnet man den Aufgaben der numerischen Fördermittelsteuerung entsprechende Funktionsblöcke zu, so erhält man eine funktionale, an den Verarbeitungsfunktionen orientierte Gliederung der numerischen Fördermittelsteuerung.

Entsprechend Bild 3.3 kann die Fördermittelsteuerung funktional in drei Ebenen gegliedert werden:
- Daten-Ein-/Ausgabe;
- Datenaufbereitung und -verwaltung;
- Steuerdatenverarbeitung.
Diese funktionale Gliederung entspricht im wesentlichen der einer numerischen Werkzeugmaschinensteuerung. Die Funktionsblöcke Bedienung/Rechnerkopplung und Geometrieverarbeitung sind dabei besonders auf die Anforderungen an numerische Fördermittelsteuerungen zugeschnitten und unterscheiden sich von denen numerischer Werkzeugmaschinensteuerungen.

3.3.2 Gerätestrukturen

Ausgehend von den möglichen Realisierungsarten der Funktionsblöcke in Bild 3.3 ergeben sich verschiedene Geräte-

strukturen. Diese sind in **Bild 3.4** dargestellt und mit
Struktur I,II und III gekennzeichnet. Die Struktur I ist
durch die gerätemäßige Trennung der Funktionsblöcke "Verar-

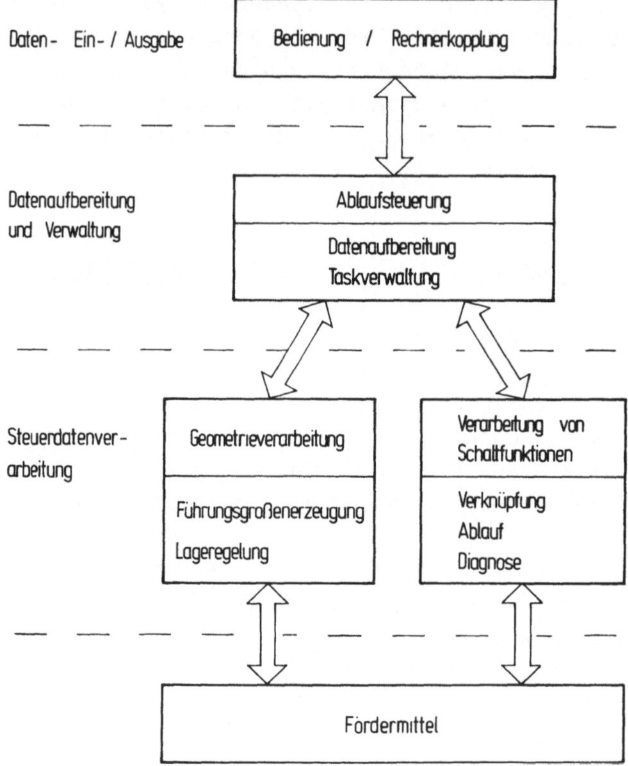

Bild 3.3: Funktionale Gliederung der numerischen Fördermittelsteuerung

beitung geometrischer Steuerdaten" und "Verarbeitung von
Schaltfunktionen" charakterisiert. Diese Trennung gilt auch
für die Verwirklichung der Bedienfunktionen, da Verfahrwege
und Verfahrgeschwindigkeiten über das NC-Bedienfeld eingegeben werden, während die Bedienung der anderen Fördermittelfunktionen über den an die SPS-Ein-/Ausgaben angeschlos-

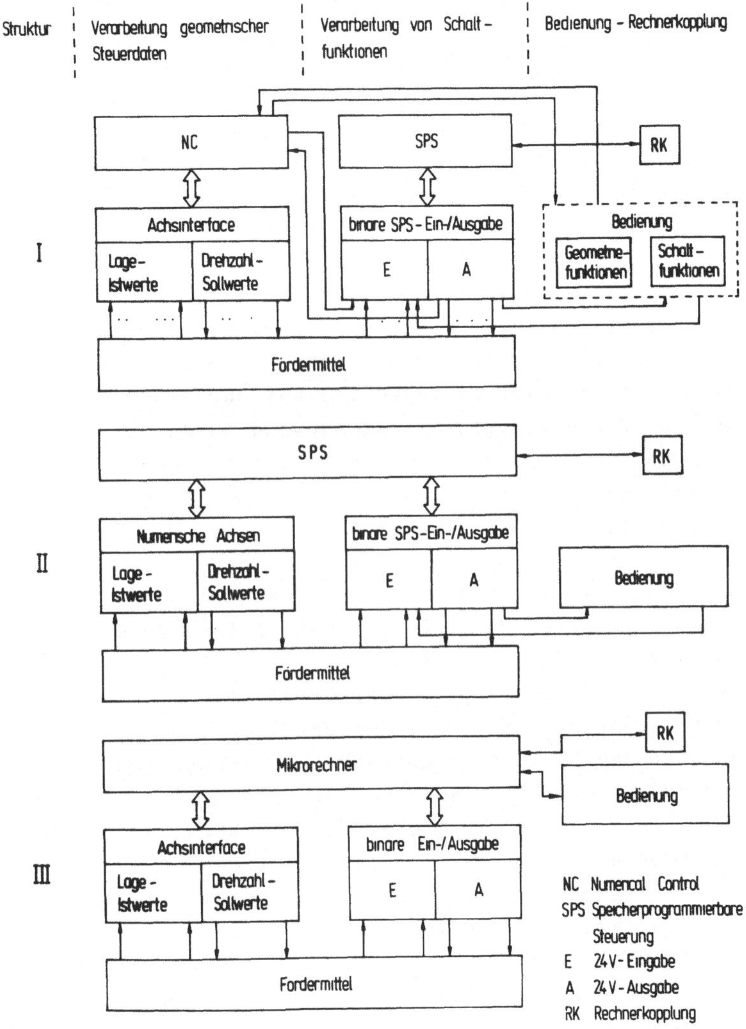

Bild 3.4: Gerätestrukturen numerischer Fördermittelsteuerungen

senen Bedienteil erfolgt. Die Verarbeitung der Schaltfunktionen und die Ablaufsteuerung sind im SPS-Programm realisiert, wobei die SPS in dieser Struktur die Masterfunktion
übernimmt. Über die Signale "NC-Bereit" und "Vorschub-Halt"
überwacht und koordiniert die SPS in Abhängigkeit vom Ab-
laufprogramm die numerischen Achsbewegungen des Fördermittels. Aufgrund der Masterfunktion der SPS ist es zweckmäßig, die Rechnerkopplung mit der übergeordneten Steuerungsebene über eine der SPS zugeordnete Datenübertragungsschnittstelle zu realisieren.

Ein Nachteil der Struktur I ist die nur teilweise Erfüllung
der fördermittelspezifischen Anforderungen an die Führungsgrößenerzeugung durch herkömmliche, numerische Punkt- oder
Streckensteuerungen. Außerdem ist bei nur einer numerischen
Achse durch den doppelten Grundaufwand an Rahmen, Stromversorgungen und Bedienung diese Struktur kostenintensiv. Hin-
zu kommt die signalmäßige und organisatorische Kopplung der
autarken Steuergeräte SPS und NC.

Die Struktur II vermeidet diesen Nachteil. Ausgehend von
der Masterfunktion der SPS in Struktur I wird der Aufgaben-
bereich der SPS in der Struktur II durch Hinzufügen SPS-
kompatibler, numerischer Achskarten um die Verarbeitung
geometrischer Steuerdaten erweitert /27/. Diese Achskarten
werden in den SPS-Rahmen gesteckt und können über den SPS-
internen Bus Daten mit anderen SPS-Komponenten austauschen.
Die umständliche Kopplung über die Ein-/Ausgabe- Karten der
SPS (Struktur I) kann auf diese interne Busschnittstelle
reduziert werden. Dies führt zwangsläufig, sowohl funktional als auch schnittstellenseitig, zu einer vereinfachten
Ankopplung des Bedienfeldes. Die besonderen Anforderungen
an die Geometrieverarbeitung von numerisch gesteuerte Fördermitteln können auch mit der Struktur II nur bedingt
erfüllt werden.

Die Struktur III unterscheidet sich grundsätzlich von den
bisher diskutierten Strukturen. Hier erfolgt keine gerätemäßige Aufteilung in die Verarbeitung geometrischer Steuerdaten und Schaltfunktionen. Vielmehr wird bei dieser Struktur von einem zentralen Mikrorechner ausgegangen, der durch
entsprechende Interface-Karten signal- und pegelmäßig an
den zu steuernden Prozeß angepaßt wird, um die gewünschten
Steuerungsfunktionen ausführen zu können. Die Struktur III
erlaubt die softwaremäßige Realisierung einer optimal auf
die Anforderungen zugeschnittenen, numerischen Fördermittelsteuerung mit minimalem Hardware- und Geräteaufwand. Mit
der Ankopplung des Bedienfeldes über eine standardisierte
Rechnerschnittstelle (z.B. V.24) ist es möglich, intelli-
gente Bedienfunktionen für Programmierung, Test und Diagnose zu verwirklichen. Bei den Strukturen I und II kann der
Anwender die Funktions- und Ablaufsteuerung problemorien-
tiert (SPS-Sprache) programmieren. Für die Programmierung
dieser Funktionen bei der Struktur III muß deshalb eine
problemorientierte Steuerungsbeschreibung definiert, und
müssen Algorithmen zur Umsetzung in Steuerungsprogramme entwickelt werden.

3.4 Schnittstellen

3.4.1 Schnittstelle zum Prozeß

Die Schnittstelle zum Prozeß kann in Prozeßsignale für die
Verarbeitung von geometrischen Steuerdaten und von Schaltfunktionen gegliedert werden. Wie in **Bild 3.5** dargestellt,
bilden die Lage-Istwerte eingangsseitig und die Drehzahl-
Sollwerte für die Vorschubantriebe ausgangsseitig die Prozeßsignale für die Geometriefunktionen. Aufgrund der digitalen Signalverarbeitung innerhalb der numerischen Fördermittelsteuerung sind digitale Lagemeßsysteme zweckmäßig.
Abhängig von der Anwendung können diese als absolute Meßsysteme (Codemaßstab, Winkelcodierer) oder als inkrementale

Meßsysteme (Strichmaßstab, Winkelschrittgeber) ausgeführt sein. An der Prozeßschnittstelle müssen beide Arten von Meßsystemen angeschlossen werden können.

Im Gegensatz zur digitalen Erfassung des Lage-Istwertes wird der Drehzahl-Sollwert als analoges Spannungssignal ($\pm$ 10V) über einen Digital-Analogwandler ausgegeben. Neben dem Wegfall von Drift- und Offsetproblemen wäre es auch im Sinne einer einheitlichen Signaldarstellung empfehlenswert, die Drehzahl-Sollwerte in digitaler Form vorzugeben. Die zur Zeit auf dem Markt verfügbaren Leistungsverstärker für drehzahlgeregelte Gleichstromantriebe können jedoch nur ein analoges Eingangssignal verarbeiten. Die Wirkungsweise eines ausschließlich auf digitaler Basis arbeitenden Drehzahlregelkreises für Gleichstromantriebe ist in /28/ dargestellt.

	Prozeßsignal	Signaldarstellung (Pegel)	gerätemäßige Realisierung der Schnittstelle
Geometriefunktionen	Lage - Istwert – inkremental – absolut	digital Impulsfolge (TTL) binär codiertes Wort (TTL)	Vorwärts - Rückwärts - Zähler mit Richtungserkennung Eingaberegister
	Drehzahl - Sollwert	analog $\pm$ 10 V	Digital – Analogwandler
Schaltfunktionen	binäre Steuereingänge (Geber)	0 V $\triangleq$ "AUS" 24 V $\triangleq$ "EIN"	Pegelumsetzer mit Filter
	binäre Steuerausgänge (Stellgliedansteuerung)	0 V $\triangleq$ "AUS" 24 V $\triangleq$ "EIN" I_{max} = 0,4 A bzw. 2,5 A	Elektronischer Transistorverstärker

TTL Transistor – Transistor – Logik
I_{max} maximaler Stellgliedstrom

<u>Bild 3.5</u>: Signale der Prozeßschnittstelle

Die Prozeßsignale im Bereich der Schaltfunktionen haben ausschließlich binären Charakter. Sie dienen einerseits zur

Zustandsabfrage von Signalgebern (Eingänge), andererseits
zur Ansteuerung von schaltenden Stellgliedern (Ausgänge).
Da die Steuerspannung 24V bzw. 48V beträgt, sind diese Signale in den Eingangsstufen neben einer Filterung und Po-
tentialtrennung auf die internen Logikpegel umzusetzen. Dementsprechend müssen ausgangsseitig die Logikpegel auf die
gewählte Steuerspannung transformiert und über Leistungsverstärker an den Verbraucherstrom des Stellgliedes angepaßt werden. Es stehen Kleinleistungsverstärker mit einem
Maximalstrom von 0,4A (Lampentreiber) und Leistungsverstärker mit 2,5A (Magnetventile, Motorschütze) zur Auswahl.

3.4.2 Schnittstellen zur übergeordneten Steuerung und Bedie-
nung

Da es sich bei der Datenübertragung zwischen der numerischen
Fördermittelsteuerung und der übergeordneten Steuerung
prinzipiell um eine Rechnerkopplung handelt, ist es zweckmäßig, dafür entsprechende, standardisierte Datenübertra-
gungsverfahren einzusetzen. Es bieten sich grundsätzlich
wortparallele oder bitserielle Übertragungsverfahren an.

Der Vorteil paralleler Übertragungsverfahren liegt in der
sehr hohen Datenrate. Dagegen sind die kurze Übertragungsstrecke und der hohe Verkabelungsaufwand als Nachteile
aufzuführen /29/. Aufgrund der dezentralen Steuerungsstruktur in flexiblen Fertigungssystemen sind einerseits die
auszutauschenden Datenmengen zwischen den Steuergeräten
gering, andererseits müssen aufgrund der räumlichen Ausdeh-
nung der Fertigungseinrichtung Daten über größere Entfernungen übertragen werden können, weshalb wortparallele
Übertragungsverfahren wenig geeignet sind.

Bitserielle Übertragungsverfahren bedingen einen wesentlich
geringeren Leitungsbedarf und erlauben große Übertragungs-
strecken bei ausreichender Übertragungsgeschwindigkeit (Da-

tenrate). Man unterscheidet hinsichtlich der Synchronisation zwischen "asynchroner" und "synchroner" Betriebsart. Bei asynchroner Betriebsart erfolgt die Synchronisation zwischen Sender und Empfänger über Start- und Stoppbits, die dem übertragenen Datenwort beigefügt sind. Dagegen wird in der synchronen Betriebsart entweder eine getrennte Taktleitung mitgeführt, oder mit Hilfe von "Sync"-Zeichen die Synchronisation erreicht. Diese Betriebsart läßt höhere Übertragungsgeschwindigkeiten zu, außerdem gibt es dafür genormte Übertragungsprotokolle wie HDLC (High Level Data Link Control Procedures) oder SDLC (Serial Data Link Control Procedures) /30/. Die synchrone Betriebsart eignet sich hauptsächlich für schnelle Rechnerkopplungen, während die asynchrone Betriebsart zur Kopplung von Rechnern und intelligenten Peripheriegeräten (z.B. Terminal) zur Anwendung kommt.

Im Hinblick auf eine schrittweise Inbetriebnahme und Fehlersuche bei Steuergeräten in hierarchischen Steuersystemen ist eine bitserielle, asynchrone Datenübertragungsschnittstelle zur Gerätekopplung zweckmäßig, da mit handelsüblichen Terminals diese Steuergeräte bezüglich der Rechnerkopplung in einfacher Weise simuliert werden können. Diese Schnittstelle genügt den Anforderungen hinsichtlich Übertragungsgeschwindigkeit, Störsicherheit, Länge der Übertragungsstrecke und minimalem Leitungsaufwand. In Bild 3.6 sind die wichtigsten Daten und Eigenschaften bitserieller, asynchroner Datenübertragungsschnittstellen dargestellt. Diese Schnittstellen sind, wie in der Rechnertechnik international üblich, nach amerikanischer Norm bezeichnet. Mit der Schnittstelle RS 485 ist es möglich, serielle Bussysteme mit maximal 32 Teilnehmern aufzubauen.

Die Codierung der zu übertragenden Daten erfolgt im Hinblick auf die Schnittstellensimulation mit Standardterminals zweckmäßigerweise in ASCII (American Standard Code for Information Interchange).

Bitserielle asynchrone Datenschnittstellen	entspricht DIN	max Übertragungs- rate [Kbaud]	max. Übertragungs- länge [m]	Minimale Anzahl von Leitungen)*
RS 232 (V.24)	66 020 /31/	20	15	3
RS 422	66 259 /32/ Teil 3	10 000 100	12 1200	4
RS 423	66 259 /33/ Teil 2	100 1	12 1200	3 3
RS 485	—	10 000 100	12 1200	4 4

)* bei Vollduplexbetrieb

Bild 3.6: Eigenschaften bitserieller, asynchroner Schnittstellen zur Datenübertragung

Die Schnittstelle zur Bedienung hängt hauptsächlich von der
zugrunde gelegten Gerätestruktur ab (vgl. **Bild 3.4**). Moderne
speicherprogrammierbare Steuerungen sind meistens nur mit
einer seriellen Standardschnittstelle ausgerüstet, die jedoch beim Einsatz als Fördermittelsteuerung für die Rechnerkopplung reserviert werden muß.

So wird die Bedienung bei der Struktur I (**Bild 3.4**) aufgeteilt in Beeinflussung von Geometriefunktionen und Schaltfunktionen. Dementsprechend sind die Bedien- und Anzeigee-
lemente für die NC-Funktionen (Geometrie) über eine geräte-
und herstellerspezifische Schnittstelle der NC zugeordnet.
Analog dazu sind die Anzeige- und Bedienelemente für die
Schaltfunktionen über die binäre 24V-Ein-/Ausgabe (Prozeßschnittstelle der SPS) mit der speicherprogrammierbaren
Steuerung verbunden. Diese Prozeßschnittstelle ist zumin-
dest signalmäßig geräte- und herstellerunabhängig.

Bei der Struktur II sind alle Bedienfunktionen zentral in einem Bedienfeld zusammengefaßt. Die Bedienfeldankopplung wird über die Prozeßschnittstelle der speicherprogrammierbaren Steuerung realisiert. Die Verarbeitung, Zuordnung und Verteilung der Bedien- und Anzeigedaten muß bei dieser Struktur softwareseitig in der SPS implementiert werden.

Für die Rechnerkopplung und den Anschluß des Bedienfeldes stehen bei der Struktur III genügend standardisierte Datenübertragungsschnittstellen zur Verfügung. Als Bedienfeld kann entweder ein handelsübliches Terminal oder ein "intelligentes" Bedienfeld mit komfortablen, fördermittelspezifischen Bedienfunktionen verwendet werden. Bei letzterem besteht auch die Möglichkeit, Steuerungsfunktionen im Bereich Diagnose, Inbetriebnahme und Test aus der numerischen Fördermittelsteuerung ins Bedienfeld zu verlagern.

Da die numerische Fördermittelsteuerung nicht grundsätzlich in einem stationären Steuerschrank installiert wird, sondern in das sich bewegende Fördermittel integriert sein kann, besteht unter Umständen die Notwendigkeit, die Rechnerkopplung als drahtlose Übertragungsstrecke aufzubauen. In diesem Fall ist ebenso von standardisierten Datenübertragungsschnittstellen entsprechend <u>Bild 3.3</u> auszugehen. Die dazu notwendigen Schnittstellenumsetzer müssen empfangs- und senderseitig signal- und steckerkompatibel zu der gewählten Datenübertragungsschnittstelle sein (<u>Bild 3.7</u>).

Für die drahtlose Datenübertragung bieten sich elektrische oder optische Übertragungsarten an (<u>Bild 3.8</u>). Welche Übertragungsart zweckmäßigerweise eingesetzt wird, hängt von den Anforderungen an die Übertragung und deren Eigenschaften (Aufwand, Störsicherheit) sowie von der konstruktiven und mechanischen Ausführung des Fördersystems ab.

Die induktive Übertragung eignet sich vor allem für flurgebundene Fördermittel, da die induktiven Sender und Empfänger

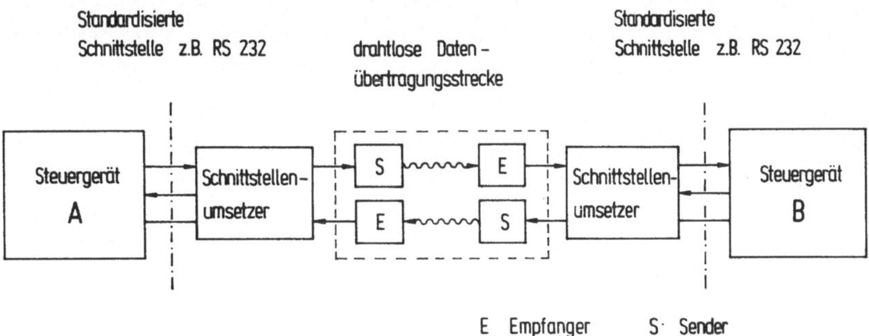

Bild 3.7: Drahtlose Datenübertragung mit seriellen Standardschnittstellen

in den Boden integriert werden können. Hochfrequenzübertragungssysteme erlauben zwar mehrdimensionale Bewegungen des Fördermittels, sind aber sehr teuer und müssen postalisch

Drahtgebundene Übertragung			Drahtlose Übertragung		
Übertragungsart	Störsicherheit	Aufwand	Übertragungsart	Störsicherheit	Aufwand
a) elektrisch			a) elektrisch		
Schleppkabel	gut	gering	induktive		
Schleifring	gering	mittel	Übertragung	befriedigend	hoch
			HF-Übertragung	sehr gut	sehr hoch
b) optisch			b) optisch		
Lichtleiter	sehr gut	hoch	Infrarot	sehr gut	mittel
			Laser	sehr gut	hoch

Bild 3.8: Verfahren zur Informationsübertragung an mitfahrende Fördermittelsteuerungen /34/

genehmigt werden. Hohe Anforderungen an die Störsicherheit
können mit optischen Übertragungsverfahren bei vertretbarem
Aufwand erfüllt werden. Die optische Übertragungsart bedingt
allerdings eine absolute "Sichtverbindung" zwischen Sender,
Empfänger und Fördermittel. Während des Betriebes muß eine
Unterbrechung der Übertragungsstrecke durch sich bewegende
Fertigungseinrichtungen oder durch Bedienpersonal vermieden
werden. Bei der Laserübertragung sind jedoch nur eindimen-
sionale Bewegungen des Fördermittels möglich.

3.4.3 Gerätetechnische Schnittstellen

Neben der gerätemäßigen Realisierung der Steuerungsfunktionen entsprechend Bild 3.2 muß bei Fördermittelsteuerungen
auch die lokale Anordnung der den Steuerungsfunktionen
zugeordneten Steuerungskomponenten betrachtet werden. Bei
Werkzeugmaschinensteuerungen werden alle Steuerungskomponenten außer Antriebe, Stellglieder und Geber in einem
stationären Schaltschrank untergebracht. Diese Installationsart ist bei Fördermittelsteuerungen möglich, bedingt
aber bei größeren Verfahrwegen einen aufwendigen Kabelschlepp, der oft nur unter Schwierigkeiten in die Mechanik
des Fördersystems integriert werden kann. Ein weiterer
Nachteil dieser Installationsart ist die Übertragung unter-
schiedlicher elektrischer Signale (z.B. Sollwerte, Motor-
ströme) über größere Entfernungen in einem gemeinsamen
Kabelschlepp (Störsicherheit). Anstatt die gesamte Steuerung
ins Fördermittel zu installieren, ist auch eine teilweise
Auslagerung von Steuerungskomponenten in das Fördermittel
denkbar (Bild 3.9).

Als Kriterium für eine sinnvolle Auslagerung von Steuerungskomponenten gilt, die Zahl der Leitungen zwischen
mitfahrendem und stationärem Steuerungsteil auf ein Minimum
zu beschränken. Die Fördermittelsteuerung muß eingabeseitig
die Signale von Gebern, Meßsystemen sowie von der Bedienung

und Rechnerkopplung verarbeiten. Daraus werden binäre Signale für die Stellglieder der Schaltfunktionen und analoge Sollwerte für die drehzahlgeregelten Antriebssysteme generiert. Will man entsprechend obigem Kriterium einen minimalen Verkabelungsaufwand erreichen, so ist es notwendig, die

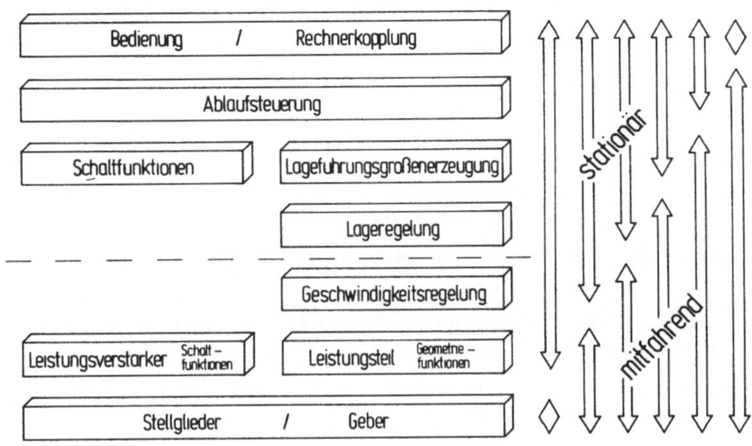

Bild 3.9: Varianten mitfahrender, numerischer Fördermittelsteuerungen /35/

gesamte Fördermittelsteuerung einschließlich Leistungsverstärker mitfahrend im Fördermittel zu installieren, damit die Signale unmittelbar an der Signalquelle erfaßt, verarbeitet und als Stellsignale ausgegeben werden können. Die Signalverbindungen zwischen mitfahrender Fördermittelsteuerung und den stationären Steuergeräten des FFS beschränken sich dann ausschließlich auf Rechnerkopplung und Bedienung. Diese können nach Abschnitt 3.4.2 als drahtlose oder drahtgebundene Datenübertragung realisiert werden.

Wird von einer Installation der Steuerung im Fördermittel abgesehen (z.B. fehlender Raumbedarf), so ist aus Gründen eines sinnvollen Informationsflusses eine Aufteilung der Steuerungskomponenten, wie in **Bild 3.9** angedeutet, zweckmäßig. Der gesamte Leistungsteil (binäre Leistungsverstärker, Antriebsverstärker mit Geschwindigkeitsregelung) wird mitfahrend installiert, die verbleibenden Steuerungskomponenten stationär verwirklicht.

3.5 Ergebnisse der Analyse

Die Ergebnisse der bisherigen Untersuchungen sollen für die Konzeption einer numerischen Fördermittelsteuerung kurz zusammengefaßt und bewertet werden, um Konsequenzen für die Strukturauswahl und Realisierung abzuleiten.

Bewertet man die möglichen Gerätestrukturen entsprechend den Aufgaben und Anforderungen, so sprechen für die Realisierung einer numerischen Fördermittelsteuerung auf Basis der Struktur III folgende Argumente:
- Realisierung fördermittelspezifischer Anforderungen in Bezug auf die Positionierung des Fördermittels;
- Standardisierte Datenübertragungsschnittstellen für Rechnerkopplung und Bedienung;
- Implementierung von Diagnose- und Inbetriebnahmefunktionen;
- Geringer Synchronisationsaufwand und optimaler Datenaustausch bei der Verarbeitung von geometrischen Steuerdaten und Schaltfunktionen (Fensterfunktion);
- Minimaler Hardware- und Geräteaufwand sowohl in preislicher Hinsicht als auch vom Raumbedarf (mitfahrende Steuerung).

Für Rechnerkopplung und Bedienung sind serielle, ASCII-codierte V.24- Schnittstellen zweckmäßig. Sie gewährleisten ausreichende Übertragungsgeschwindigkeit, Übertragungslänge und Störsicherheit bei geringem Verkabelungsaufwand. Ein besonderer Vorteil der ASCII- codierten V.24- Schnittstelle

ist die Möglichkeit, den Rechner- und Bedienfeldanschluß mit
normalen Bildschirmterminals zu simulieren. Dies erleichtert
wesentlich die Inbetriebnahme und Fehlersuche. Eine schnitt-
stellenseitige Anpassung an drahtlose Übertragungssysteme
ist aufgrund der Standardisierung der Schnittstelle gegeben.

Bei der Auslegung der Prozeßschnittstelle ist auf Kompatibilität mit käuflichen Lagemeßsystemen, Antriebssystemen
und binären 24V- Ein-/Ausgaben zu achten. An die Prozeßschnittstelle können inkrementale oder absolute, digitale
Meßsysteme angeschlossen werden. Die Drehzahlsollwerte
werden als analoge Spannungen ($\pm$10V) ausgegeben. Steuerspannung für die binären Geber und Stellglieder ist 24V
Gleichspannung.

Aus den bewerteten Untersuchungsergebnissen resultiert, daß
sich ausschließlich die Struktur III (<u>Bild 3.10</u>) für die
Realisierung einer numerischen Fördermittelsteuerung für

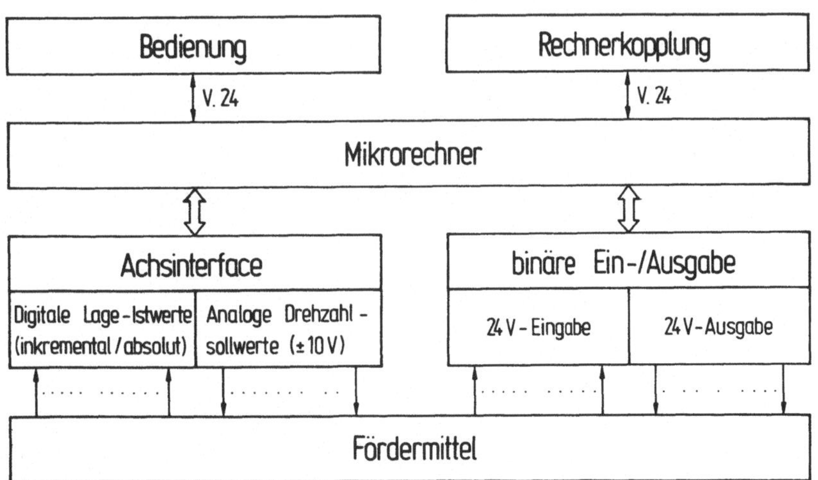

<u>Bild 3.10</u>: Struktur der numerischen Fördermittelsteuerung

den Einsatz in flexiblen Fertigungssystemen eignet. Sie wird deshalb zur Konzeption einer numerischen Fördermittelsteuerung den weiteren Ausführungen zugrunde gelegt. Kennzeichnend für diese Struktur ist die softwareseitige Verwirklichung der Steuerungsfunktionen in einem zentralen Mikrorechner.

In Zusammenhang mit diesem Einprozessorkonzept stellt sich die Frage nach der notwendigen Rechenleistung in Form der Wortbreite (8bit oder 16bit) des Prozessors. Es soll an dieser Stelle keine Festlegung auf einen 8bit- oder 16bit- Mikroprozessor gemacht werden. Im Rahmen dieser Arbeit werden nur solche Steuerungs- und Regelungsverfahren angewendet, die in Algorithmen mit geringem Arithmetikaufwand und Rechenzeitbedarf umsetzbar sind. Verfahren, die sich zwar einfacher im Rechner auf Kosten der Rechenzeit programmieren lassen, und deshalb nur mit 16bit- Rechnern realisierbar sind, wie z. B. die direkte Funktionsberechnung, werden hier nicht betrachtet.

Auf die Frage, ob 8bit- oder 16bit- Prozessor, wird im folgenden bei der Entwicklung und Bewertung der Algorithmen gezielt eingegangen.

4 Verarbeitung von Schaltfunktionen

Die Verarbeitung von Schaltfunktionen beinhaltet die Steuerung der Vorgänge zum Aufnehmen und Absetzen des Förderguts. Schaltfunktionen sind gekennzeichnet durch binäre Signale und können grundsätzlich mit Booleschen Gleichungen beschrieben werden. Funktional betrachtet entspricht die Verarbeitung von Schaltfunktionen den Aufgaben der Funktionssteuerung /36/. Es ist Ziel dieses Kapitels, ausgehend von einer kurzen Untersuchung der Aufnahme- und Absetzfunktionen, eine geeignete Steuerungsbeschreibung auszuwählen und anzuwenden sowie Algorithmen zur Umsetzung der beschriebenen Steuerungsaufgabe in Steuerprogramme zu entwickeln.

4.1 Analyse der Aufnahme- und Absetzfunktionen

Die konstruktive Ausführung der Aufnahme- und Absetzfunktionen des Fördermittels hängt von der geometrischen Gestalt des Förderguts und von der Aufnahme des Förderguts außerhalb des Fördermittels ab. Als Fördergut in FFS sind Werkstücke und Werkzeuge zu betrachten. Bei rotationssymmetrischem Fördergut, wie z. B. Werkzeuge oder Drehteile, kann das Fördermittel durch ein entsprechend gestaltetes Greifersystem das Fördergut aufnehmen und absetzen. Wesentlich schwieriger sind diese Vorgänge bei prismatischen Werkstücken aufgrund der vielfältigen Querschnitte und Formen. Um auch solche Teile in FFS automatisch fördern und bearbeiten zu können, werden prismatische Werkstücke auf standardisierte Werkstückträger (Spannpaletten) aufgespannt. Durch die Standardisierung dieser Werkstückträger mit definierten Auflagepunkten und Bezugskanten ist ein automatisierungsgerechtes Aufnehmen und Absetzen prismatischer Werkstücke durch das Fördermittel möglich.

Die Aufnahme- und Absetzvorgänge setzen sich aus elementaren, translatorischen und rotatorischen Bewegungen zusammen, die durch mechanische Anschläge begrenzt werden. Steuerungstechnisch werden diese Bewegungen durch Einschalten des Stellgliedes gestartet und beim Ansprechen eines Gebers abgeschaltet (Schaltfunktionen). Diese Vorgänge unterscheiden sich in Abhängigkeit vom Fördergut durch die Zahl der Freiheitsgrade der Aufnahme- und Absetzeinrichtung (Lastaufnahmemittel). In <u>Bild 4.1</u> sind diese Elementarbewegungen aufgelistet und typische kinematische Anordnungen in Form von kinematischen Ersatzschaltbildern für die Aufnahme- und Absetzvorgänge dargestellt.

Fordergut	Grundbewegungen des Aufnahme-und Absetzvorgangs	typische kinematische Anordnung
Werkstuckträger (Spannpalette)	ausfahren - einfahren heben -senken	
Werkzeuge oder Drehteile	ausfahren - einfahren heben -senken drehen schwenken	

<u>Bild 4.1</u>: Grundbewegungen des Aufnahme- und Absetzvorgangs

So wird z. B. zur Aufnahme des Werkstückträgers (Förderhilfsmittel) ein Teleskoptisch unter den Werkstückträger ausgefahren, angehoben und mit dem aufliegenden Werkstückträger eingefahren. Der Absetzvorgang unterscheidet sich nur in der zeitlichen Folge der Elementarbewegungen.

Die Aufnahme- und Absetzvorgänge sind bei rotationssymmetrischem Fördergut (Werkzeuge, Drehteile) in ihrem Ablauf komplexer, da diese Vorgänge beim Fördergut nicht nur eine Ortsänderung sondern oft auch eine Lageänderung bewirken (z. B. Aufnehmen aus Spindel bzw. Futter). Neben translatorischen Bewegungen beinhalten diese Abläufe auch rotatorische Bewegungen wie drehen und schwenken, wobei Drehbewegungen mit einem Drehwinkel unter 180 Grad als schwenken bezeichnet werden. Ein weitere Bewegung, die keinem zusätzlichen Freiheitsgrad entspricht, ist das Spannen und Entspannen des Greifers bei rotationssymmetrischem Fördergut.

Es ist Aufgabe der Funktionssteuerung, die Elementarbewegungen in ihrem Ablauf so zu steuern und zu überwachen, daß die gewünschten Aufnahme- und Absetzvorgänge automatisch ausgeführt werden. Bedingt durch den Ablaufcharakter dieser Vorgänge, ist eine ablauforientierte Steuerungsbeschreibung notwendig. Sie ist Gegenstand der folgenden Abschnitte.

4.2 Steuerungsbeschreibung von Schaltfunktionen mit Zustandsgraphen

Zur Beschreibung von Funktionssteuerungen wurde in /37/ eine systematische Beschreibungsmethode auf der Basis von Zustandsgraphen, wie sie in der Automatentheorie geläufig sind, behandelt. Diese Steuerungsbeschreibung stellt eine wesentliche Erweiterung des Funktionsplanes nach DIN 40719, Teil 6 /38/ dar. Während die Funktionsplandarstellung stellgliedbezogen ist und nur Abläufe mit Zwangsfolge (nicht verzweigbar) beinhaltet, erlaubt die Zustandsgraphendarstellung die Gliederung der zu steuernden Anlage in Funktionseinheiten (FE) mit verzweigbaren Abläufen.

Den Funktionseinheiten werden einzelne Baugruppen der Anlage zugeordnet, die durch eine einzige physikalische Größe, wie z.B. Druck oder Lage gekennzeichnet sind. Dagegen beinhaltet die Funktionsgruppe (FG) das Zusammenwirken mehrerer Funktionseinheiten in der Weise, daß die richtige zeitliche

Folge (Ablauf) der Funktionseinheiten innerhalb der Funktionsgruppe die gewünschte Funktion ergibt. Dementsprechend beschreibt die FG komplexere Baugruppen an Fertigungseinrichtungen wie z.B. Werkzeug aufnehmen bzw. Werkzeug absetzen. Der Funktionsablauf (FA) besteht wiederum aus einer Folge von Funktionsgruppen, der einen in sich geschlossenen Ablauf beschreibt.

Es ist Ziel dieses Abschnitts, durch die Steuerungsbeschreibung mit Zustandsgraphen eine an den Abläufen und maschinenbaulichen Einheiten orientierte Strukturierung zu entwickeln. Dabei wird im Gegensatz zu /15/ eine Strukturierung von oben nach unten gewählt. Die Funktionsabläufe werden in Funktionsgruppen, diese in Funktionseinheiten gegliedert. Am Beispiel eines Werkzeugflußsystems für ein FFS soll diese Strukturierung gezeigt werden.

4.2.1 Aufbau und Struktur von Funktionsabläufen

Bild 4.2 zeigt schematisch das Lastaufnahmemittel zum Aufnehmen und Absetzen der Werkzeuge. Die Grundfunktionen des Lastaufnahmemittels (Greifer drehen, Greifer heben-senken, Greifer einfahren-ausfahren, Greifer spannen- entspannen) sind in ihrer zeitlichen Folge so zu steuern, daß folgende Funktionsabläufe automatisch ausgeführt werden:
- Werkzeug (WZ) aus Speicher aufnehmen und lesen (FA1);
- WZ in Köcher absetzen (FA2);
- WZ aus Köcher aufnehmen und in Speicher absetzen (FA3).
Als Speicher wird, bezogen auf die momentane Position des Fördermittels, derjenige Werkzeughalter (Köcher) verstanden, der dem Greifer nach einer Drehung um neunzig Grad bezüglich der Bewegungsrichtung des Fördermittels genau gegenüber steht. Aufgrund des Werkzeugspeicheraufbaus ist dabei zwischen einem linken und einem rechten Speicherplatz zu unterscheiden. Diese Unterscheidung erfolgt auftragsab-

hängig durch die Funktion "Drehen Greifer links" oder "Drehen Greifer rechts" innerhalb der FG "Greifer drehen".

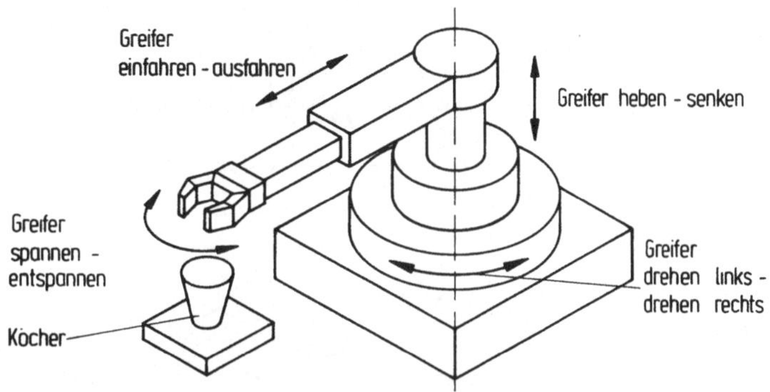

<u>Bild 4.2</u>: Greifereinrichtung zum Aufnehmen und Absetzen der Werkzeuge

Die Funktionsabläufe FA1, FA2 und FA3 sind mit Hilfe von Zustandsgraphen (Ablaufgraphen) in <u>Bild 4.3</u> dargestellt. Der Ablaufgraph beschreibt einen in sich geschlossenen Funktionsablauf. Der Funktionsablauf wird ausgehend vom Ruhezustand RZ gestartet und nach Ablauf verschiedener Funktionsgruppen mit Erreichen des Zustandes Funktionsablaufende FAE beendet. Der Zustand FAE ist notwendig, um eine dem Prozeßabbild entsprechende Synchronisation mit der überlagerten Materialflußsteuerung zu gewährleisten. Nach Beendigung des Funktionsablaufes wird im Zustand FAE die ausgeführte Funktion der Materialflußsteuerung quittiert. Erst nach dieser Quittierung erfolgt der Übergang in den Ausgangszustand RZ. Würde man den Zustand FAE weglassen und im Zustand RZ quittieren, so könnte die Steuerung gleichzeitig mit dem Start des Funktionsablaufs diesen der Materialflußsteuerung als ausgeführt quittieren.

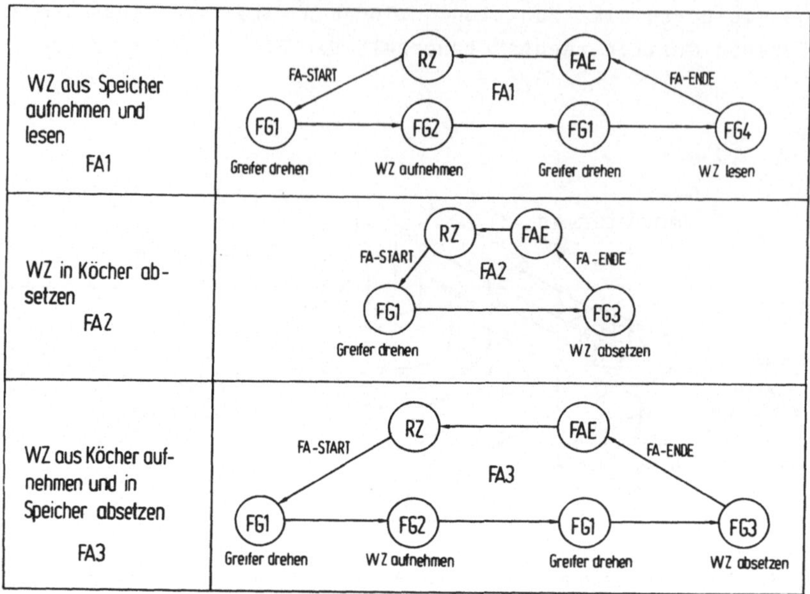

Bild 4.3: Funktionsabläufe zum Aufnehmen und Absetzen des Werkzeugs

Die Funktionsabläufe in **Bild 4.3** unterscheiden sich einmal in der Zahl der Funktionsgruppen, die am Ablauf beteiligt sind und in der zeitlichen Folge dieser Funktionsgruppen. Durch Variation der Anzahl der Funktionsgruppen und deren zeitliche Folge können weitere, auch komplexere Funktionsabläufe generiert werden. Die Funktionsgruppe ist vergleichbar mit den Funktionsbausteinen bei der SPS-Programmierung, da die Anwendung von Funktionsgruppen bzw. Funktionsbausteinen eine klare Strukturierung der Steuerungsaufgabe zum Ziel hat.

Nach **Bild 4.3** wäre es z.B. vom Ablauf her möglich, die zeitliche Folge der Funktionsgruppen FG1-FG2 oder FG1-FG3 zu einer komplexeren Funktionsgruppe zusammenzufassen.

Dagegen sprechen jedoch folgende Argumente:

- Mit der in <u>Bild 4.3</u> festgelegten Strukturierung der Funktionsgruppen können in einfacher Weise weitere Funktionsabläufe erzeugt werden.

- Die Funktionsabläufe FA1, FA2 und FA3 gelten in der dargestellten Form für den Automatikbetrieb. Für den Hand- oder Einrichtebetrieb ist es jedoch notwendig, Teilabläufe (Funktionsgruppen) unabhängig vom Automatikablauf starten zu können. Bei der Strukturierung der Funktionsgruppen ist der Umfang dieser Teilabläufe in Abhängigkeit von der Betriebsart zu berücksichtigen.

- Im Sinne einer effektiven Fehlerdiagnose ist es notwendig, die Strukturierung der Funktionsabläufe und Funktionsgruppen so zu wählen, daß Fehlerursache und Fehlerort auf eine möglichst kleine, maschinenbauliche Einheit begrenzt werden können.

- Ein stufenweises Inbetriebnehmen und Austesten sowohl der mechanischen Fördermittelfunktionen als auch der zugehörigen Steuerungsprogramme ist nur durch eine funktionale Strukturierung möglich. Dies gilt in gleicher Weise für die schrittweise Wiederinbetriebnahme des Fördermittels nach einem NOT-AUS.

4.2.2 <u>Aufbau und Struktur von Funktionsgruppen</u>

Funktionsabläufe lassen sich als zeitliche Folge von Funktionsgruppen in einem Ablaufgraphen nach <u>Bild 4.3</u> darstellen. Der Ablaufgraph kann, funktional betrachtet, auch durch eine Schrittkette (Funktionsplandarstellung) nach DIN 40719 /38/ ersetzt werden. Die Schrittkette beschreibt eine Zwangsfolge von Schritten, denen einzelne Funktionsgruppen zugeordnet werden. Funktionsplandarstellung und Zustandsgraphendarstellung von Funktionsabläufen unterscheiden sich in diesem Anwendungsfall nur formal, aber nicht funktional. Diese Übereinstimmung zwischen den beiden Beschreibungsformen ist dagegen bei der Anwendung auf die

Funktionsgruppe nicht mehr gegeben. Dies soll am Beispiel der Funktionsgruppen "WZ aufnehmen" (FG2) und "Greifer drehen" (FG1) erläutert werden.

In <u>Bild 4.4</u> sind die Funktionsgruppen FG1 und FG2 in Form von Ablaufgraphen dargestellt. Der Ablaufgraph für die FG2 könnte auch mit einer Schrittkette (Zwangsfolge) beschrieben werden, dagegen ist die FG1 wegen der Verzweigung (Freifolge) nicht in einer Schrittkette darstellbar.

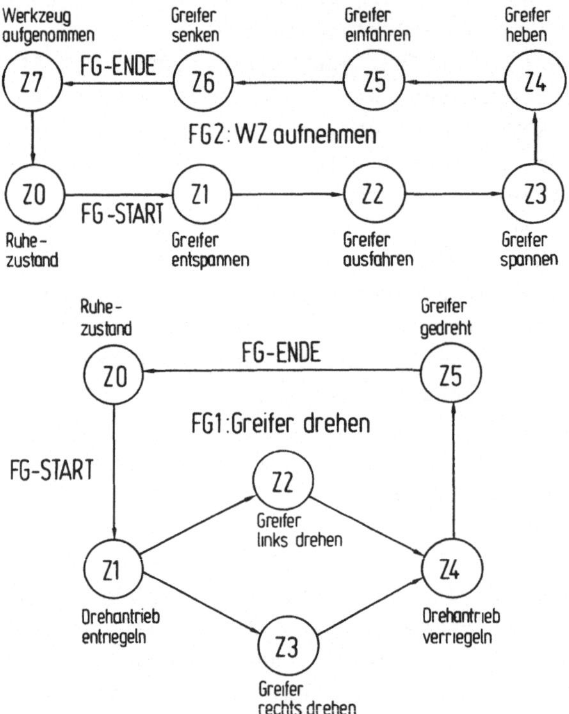

<u>Bild 4.4</u>: Ablaufgraphen der Funktionsgruppen FG1 und FG2

Diese Darstellung der Funktionsgruppen in <u>Bild 4.4</u> hat außerdem den Nachteil,daß man das physikalische Zusammen-

wirken der den Zuständen zugeordneten Funktionen nur schwer
erkennt. So ist z.B. dem Zustand Z2 in der FG2 die Funktion
"Greifer ausfahren" und dem Zustand Z5 die Funktion "Greifer einfahren" zugeordnet. Physikalisch betrachtet bilden
diese Funktionen eine maschinenbauliche Einheit, nämlich
die Funktionseinheit "Greifer ein- ausfahren". Gleiches
gilt für die Funktionen "Greifer spannen- entspannen" und
"Greifer heben-senken" in der FG2.

Die oben erwähnten Nachteile werden durch die indirekte
Verkettung der Zustandsgraphen von Funktionseinheiten über
Ablaufgraphen vermieden. Diese Darstellungsart unterstützt
die klare Strukturierung in Funktionseinheiten und beschreibt in anschaulicher Weise den Ablauf der Funktionseinheiten innerhalb der Funktionsgruppe. Indirekt verkettet
bedeutet, daß Zustandsübergänge innerhalb der Funktionseinheiten vom Erreichen eines bestimmten Zustands im Ablaufgraphen abhängen. Umgekehrt bewirkt das Erreichen eines
stationären Zustandes (bezogen auf das Energieniveau) der
Funktionseinheit einen Übergang in den nächsten Zustand
(Schritt) im Ablaufgraphen. Diese Verkettung zwischen dem
Ablaufgraphen und den Zustandsgraphen der Funktionseinheiten
kann als "graphische" oder "alphanumerische" Verkettung
dargestellt werden. Diese zwei Verkettungsarten sind am
Beispiel der Funktionsgruppe "WZ aufnehmen" in **Bild 4.5**
und **Bild 4.6** gegenübergestellt.

Die Darstellungsart der graphischen Verkettung in **Bild 4.5**
wurde an /15/ angelehnt. Allerdings wird auf die dort ein-
geführte Merkerebene zwischen den Ablaufgraphen und den
Zustandsgraphen der Funktionseinheiten verzichtet, da aufgrund des sequentiellen Charakters der Zustandsvariablen Z
nach der Graphentheorie diese Merkerebene nicht verfahrens-
bedingt notwendig ist. Man beachte dabei, daß die gestri-
chelt gezeichneten, gerichteten Verbindungen zwischen den
Ablaufgraphen und den Zustandsgraphen der Funktionseinheiten in **Bild 4.5** keine Übergangsbedingungen im Sinne der

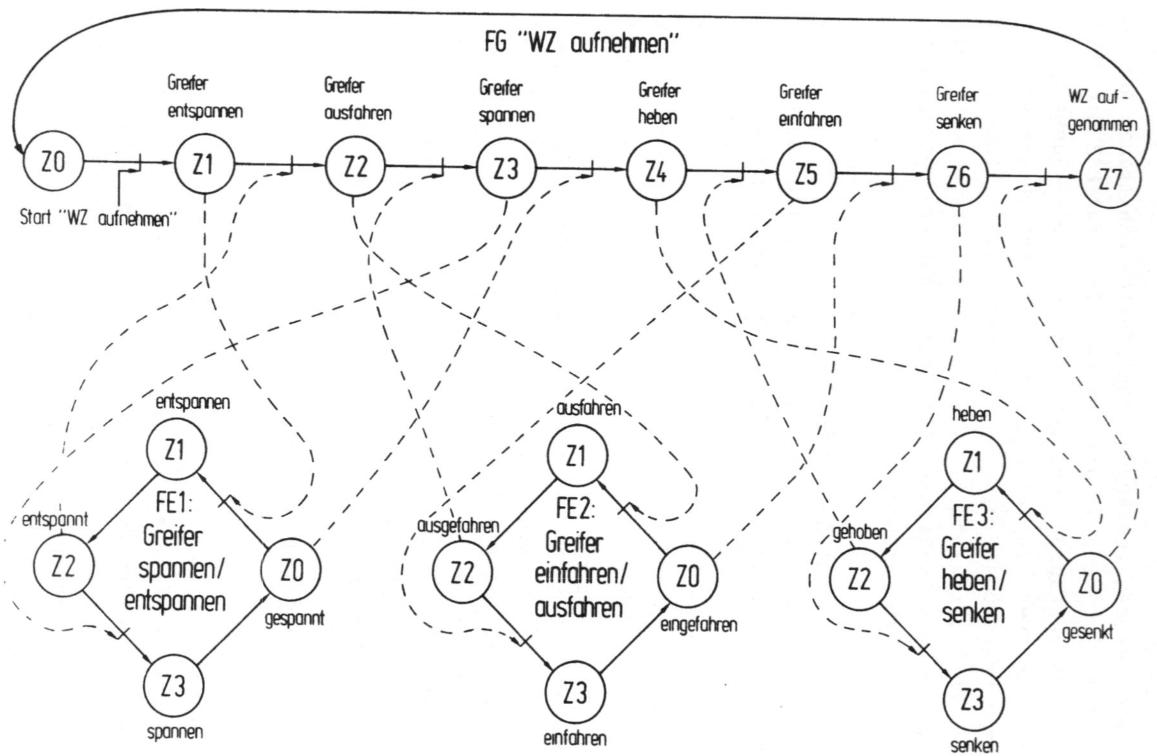

Bild 4.5: Funktionsgruppe "WZ aufnehmen" mit indirekt, graphisch verketteten Zustandsgraphen

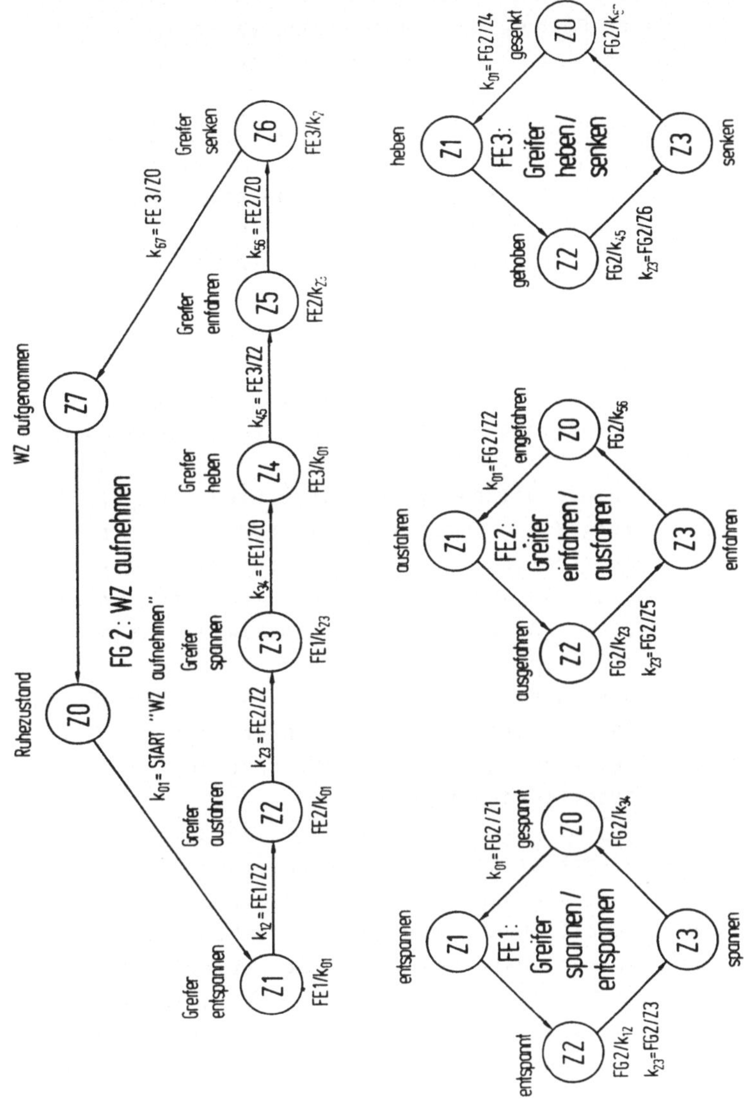

Bild 4.6: Funktionsgruppe "WZ aufnehmen" mit indirekt, alphanumerisch verketteten Zustandsgraphen

Graphentheorie sind, sondern nur auf die Abhängigkeit und die zeitliche Folge von Zustandsübergängen innerhalb der Zustandsgraphen der Funktionsgruppe hinweisen.

Bei der alphanumerischen Verkettung in <u>Bild 4.6</u> muß diese Abhängigkeit und zeitliche Folge durch eine Beschreibung mittels alphanumerischer Zeichen dargestellt werden. So bedeutet allgemein die Zeichenfolge FEn/k_{rs} oder FGn/k_{rs} unterhalb eines Zustandes Zm, daß das Erreichen des Zustandes Zm einen Übergang k_{rs} zwischen den Zuständen Zr und Zs in der FEn oder FGn zur Folge hat. Umgekehrt gilt allgemein für die Zeichenfolge k_{rs} = FEn/Zm oder k_{rs} = FGn/Zm am Übergang k_{rs}, daß mit Erreichen des Zustands Zm in der FEn oder FGn ein Übergang vom Zustand Zr zum Zustand Zs erfolgt.

Ein Vergleich der beiden Verkettungsarten zeigt, daß die graphische Verkettung (<u>Bild 4.5</u>) im Verhältnis zur alphanumerischen Verkettung (<u>Bild 4.6</u>) auf den ersten Blick unübersichtlich und verwirrend wirkt, trotzdem erlaubt sie beim praktischen Arbeiten ein schnelleres Nachvollziehen der Abhängigkeit und Reihenfolge der Zustandsübergänge in der Funktionsgruppe. Die alphanumerische Verkettung von Zustandsgraphen bietet aufgrund ihrer Übersichtlichkeit dann Vorteile, wenn sehr viele Funktionseinheiten innerhalb der FG verkettet werden müssen.

Eine direkte Verkettung von Funktionseinheiten ohne übergeordneten Ablaufgraphen ist grundsätzlich möglich, hat aber den Nachteil, daß die Übersichtlichkeit über den eigentlichen Ablauf sowie die klare Strukturierung in Funktionsabläufe, Funktionsgruppen und Funktionseinheiten verloren geht. Dies gilt vor allem, wenn in verschiedenen Funktionsgruppen teilweise die gleichen Funktionseinheiten verkettet werden.

Zusammenfassend ist festzuhalten, daß die Steuerungsbeschreibung mit indirekt verketteten Zustandsgraphen sowohl den Ablauf in den Funktionsabläufen und Funktionsgruppen als auch die Zustände innerhalb der Funktionseinheit übersichtlich darstellt und zu einer funktionalen, systemtechnisch gesehen sinnvollen Strukturierung führt. Sie ist Voraussetzung für eine stufenweise Inbetriebnahme des Fördermittels , Wiederverwendbarkeit sowie leichte Änderungsund Wartbarkeit der Steuerungsprogramme und für eine effektive Fehlerdiagnose. /26/ behandelt die Diagnose steuerungsexterner Fehler auf Basis von Zustandsgraphen.

4.3 Umsetzung von Zustandsgraphen in Steuerungsprogramme

4.3.1 Zeitliche Anforderungen

Nachdem die Lösung der Steuerungsaufgabe in Form von Zustandsgraphen vorliegt, müssen diese in Steuerungsprogramme für die Abarbeitung im Mikrorechner umgesetzt werden. Ein wesentliches Kriterium ist hierbei die Zykluszeit T_z , die der Zeit für den einmaligen Durchlauf des gesamten Steuerungsprogramms zur Verarbeitung von Schaltfunktionen entspricht. Um die Realzeitanforderungen bei der Steuerung von Fertigungseinrichtungen zu erfüllen, darf die Zykluszeit T_z nur in der Größenordnung der Schaltzeiten von kontaktbehafteten Schaltelementen (Relais) bei der Stellgliedansteuerung liegen, da diese die größten Signalverzögerungszeiten in der Steuerkette darstellen. Daraus resultiert, die Zustandsgraphen sind so in Steuerungsprogramme umzusetzen, daß die Zeit für die einmalige Abarbeitung dieser Programme im Mikrorechner unter 20ms liegt.

Wie das folgende Zahlenbeispiel zeigt, ist dieser Wertebereich für T_z von den Signallaufzeiten her zwar notwendig aber nicht immer hinreichend. So soll z.B. die Drehbewegung der Greifereinrichtung in **Bild 4.2** beim Überfahren eines 5mm langen Nockens von Eilgang auf Schleichgang umgeschaltet werden. Bei einer Eilganggeschwindigkeit von 1m/s ergibt

sich eine Ansprechzeit des Nockens von 5ms. Um auch solche
kurzzeitigen Signale sicher zu erfassen, müssen diese während der Zykluszeit T_z mehrfach abgefragt werden. Auf die
Lösung dieses speziellen Problems wird in Kapitel 6 (interne
Ablaufsteuerung) eingegangen.

4.3.2 Prinzip der Umsetzung

Die grundsätzliche Wirkungsweise des Algorithmus zur Abarbeitung von Zustandsgraphen in der Fördermittelsteuerung
wird anhand von __Bild 4.7__ demonstriert. Der Zustandsgraph
in __Bild 4.7__ oben soll in ein Steuerungsprogramm umgesetzt
werden. Der Algorithmus in Form eines Flußdiagramms läuft
in drei Schritten ab:
1. Zustandsermittlung:
    Im ersten Schritt wird in Abhängigkeit von der Zustands-
    variablen Z der Zustand ermittelt, in dem sich die be-
    treffende Funktionseinheit, Funktionsgruppe oder der
    Funktionsablauf momentan befindet (aktiver Zustand).
    Dabei gilt die Voraussetzung, daß innerhalb eines Zu-
    standsgraphen nur ein Zustand gleichzeitig aktiv sein
    darf.
2. Prüfen der Übergangsbedingungen und Zustandsaktualisie-
    rung:
    In diesem Schritt wird geprüft, ob eine Übergangsbedin-
    gung vom aktiven Zustand zu einem weiterführenden Zustand
    erfüllt ist. Falls ja, wird über die Zustandsvariable
    Z der momentane Zustand gelöscht und der neue Zustand
    aktiviert. Führen von einem Zustand mehrere Übergänge
    weg, so ist jede Übergangsbedingung durch eine Abfrage
    im entsprechenden Zweig des Flußdiagramms zu berücksich-
    tigen (Zustand Z3 in __Bild 4.7__). Auch hier gilt, daß
    innerhalb eines Zustandsgraphen nur eine Übergangsbedin-
    gung gleichzeitig erfüllt sein darf.

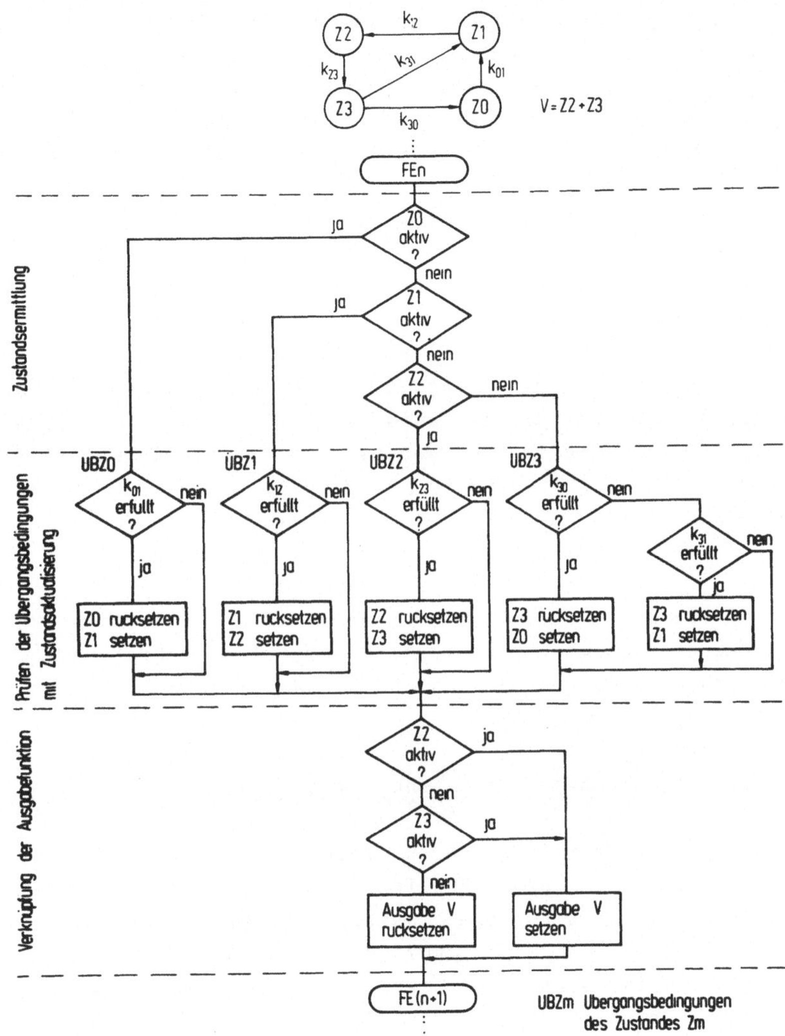

Bild 4.7: Algorithmus zur Umsetzung eines Zustandsgraphen in ein Steuerungsprogramm

3. Verknüpfung der Ausgabefunktion:
   Der dritte Schritt beinhaltet die Verknüpfung der Zustandsvariablen entsprechend der Ausgabefunktion, um
   das Stellglied V anzusteuern (Zustand Z2 oder Z3 in
   Bild 4.7). Bei den Zustandsgraphen der Funktionsabläufe
   und Funktionsgruppen erfolgt keine direkte Stellgliedansteuerung. Hier beschränkt sich die Ausgabefunktion
   auf das Quittieren von ausgeführten Abläufen an die
   übergeordnete Steuerungsebene.

Der Algorithmus in Bild 4.7 läßt einen wesentlichen Vorteil
der Steuerungsbeschreibung mit Zustandsgraphen im Hinblick
auf die Abarbeitung der Steuerungsprogramme erkennen. Durch
die zustandsabhängige Prüfung der Übergangsbedingungen wird
pro Zustandsgraph nur ein Zweig des Flußdiagramms im Steuerungsprogramm durchlaufen. Daraus resultiert ein wesentlich
geringerer Rechenzeitbedarf pro Funktionseinheit im Verhältnis zur konventionellen SPS-Programmierung, was sich
vor allem in einer kürzeren Zykluszeit T_z auswirkt.

Die folgenden Abschnitte behandeln die Algorithmen der
Steuerungsprogramme zur Zustandsermittlung, Prüfung der
Übergangsbedingungen und Zustandsaktualisierung.

4.3.2.1 Algorithmus zur Zustandsermittlung

Die Zustandsermittlung durch sequentielle Abfrage nach
Bild 4.7 ist prinzipiell möglich, hat aber den Nachteil,
daß die Rechenzeit für die Zustandsermittlung vom aktuellen Zustand und von der Zahl der Zustände abhängt. Der
Algorithmus in Bild 4.8, der auf einem Sprungverteiler
basiert, vermeidet diese Nachteile.

Eingangsgrößen dieses Algorithmus sind die Speicheradres-
sen ZSPV (Zustandssprungverteiler) und ZV (Zustandsvariable). Mit ZSPV wird der erste, direkte Sprungbefehl zur

Prüfung der Übergangsbedingungen für den Zustand Z0 (ÜBZO)
im Sprungverteiler adressiert. Der Inhalt der Speicherzelle
ZV entspricht dem Produkt aus der Zustandsnummer m und der
Zahl p der Speicherzellen pro Sprungbefehl im Zustandssprungverteiler und gibt Auskunft über den aktuellen Zustand, in dem sich der Zustandsgraph momentan befindet. Zu
Beginn des Algorithmus werden die beiden Adreßzeiger AZ1
und AZ2 mit den Adressen ZSPV und ZV geladen. Bei der folgenden Adreßrechnung wird durch Addition des durch AZ2
adressierten Inhalts zum Adreßzeiger AZ1 die indirekte
Sprungadresse im Adreßzeiger AZ1 berechnet. Die Ausführung
dieses indirekten Sprungbefehls liefert als Ausgangsgröße
des Algorithmus zur Zustandsermittlung einen direkten
Sprungbefehl zur Adresse ÜBZm. Bei dieser Adresse beginnt
das Steuerungsprogramm zur Prüfung der Übergangsbedingungen
für den Zustand Zm bzw. zur Zustandsaktualisierung bei
erfüllter Übergangsbedingung.

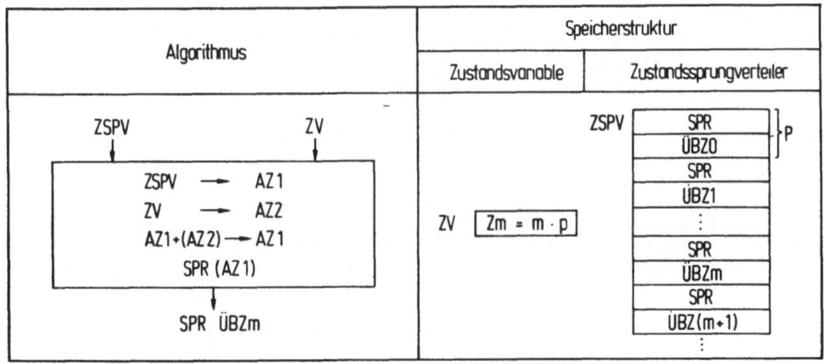

ZV   Adresse Zustandsvariable
ZSPV Adresse Zustandssprungverteiler
AZ   Adreßzeiger
SPR   Springe nach

m   Zustandsnummer
p   Zahl der Speicherzellen pro Sprungbefehl
( )   Inhalt der adressierten Speicherzelle
ÜBZm Übergangsbedingungen des Zustandes Zm

Bild 4.8: Algorithmus zur Zustandsermittlung

Der Algorithmus in <u>Bild 4.8</u> setzt voraus, daß jedem Zustandsgraph eine Zustandsvariable ZV und ein Zustandssprungverteiler im Steuerungsprogramm zugeordnet werden. Durch
die indirekte Adressierung mit Hilfe der Adreßzeiger AZ1
und AZ2 ist es möglich, den Algorithmus nur einmal im Steuerungsprogramm zu programmieren und zur Zustandsermittlung
für alle Zustandsgraphen des Steuerungsprogramms in gleicher Weise zu benutzen. Die Übergabe der Parameter (Adressen) ZV und ZSPV erfolgt über die Adreßzeiger AZ1 und AZ2.
Adreßzeiger AZ1 enthält außerdem die indirekte Sprungadresse zum Zustandssprungverteiler nach Ablauf des Algorithmus.
Die Befehle für die Adressierung über Adreßzeiger (Adreßre-
gister, Indexregister) und für die notwendigen Adreßrech-
nungen sind bei modernen Mikrorechnern unabhängig von der
Wortbreite und Registerstruktur standardmäßig implementiert.

Eine Erweiterung eines bereits programmierten Zustandsgraphen um weitere Zustände ist einfach möglich. Diese
Zustände werden in den Zustandssprungverteiler eingetragen und die Abfragen zur Prüfung der zugehörigen Übergangsbedingungen im Steuerungsprogramm eingefügt. Sinngemäßes
gilt für die Vereinfachung von Zustandsgraphen.

4.3.2.2 <u>Prüfung der Übergangsbedingungen und Zustandsak-
        tualisierung</u>

Nach der Ermittlung des aktuellen Zustandes muß als näch-
stes die Prüfung der Übergangsbedingungen im Steuerungsprogramm folgen. Bei den Übergangsbedingungen handelt es
sich um Boolesche Verknüpfungen zwischen binären Ein- und
Ausgängen (Geber, Stellglieder) sowie den Zustandsvariablen
$Z0...Zm$. Es sei angemerkt, daß diesen Zustandsvariablen im
Steuerungsprogramm nicht binäre Werte (logisch "0" oder
"1") zugeordnet sind, sondern ihr Zahlenwert dem Produkt
$m \cdot p$ entspricht. Dies ist notwendig, um aus dem Wert der
Zustandsvariablen direkt den aktuellen Zustand gemäß dem

Algorithmus in Abschnitt 4.3.2.1 berechnen zu können. Bei der Prüfung der Übergangsbedingung nach dem Kriterium wahr oder nicht wahr (Boolesche Variable) ist jedoch nicht der Zahlenwert der Zustandsvariablen im arithmetischen Sinn von Interesse, sondern nur die logische Aussage, der Zustandsgraph befindet sich im Zustand Zm (wahr) oder er befindet sich in einem anderen Zustand (nicht wahr).

Bei der Umsetzung von Übergangsbedingungen in Steuerungsprogramme wird die disjunktive Normalform (disjunktive Verknüpfung von Konjunktionen) zugrunde gelegt, da jede logische Verknüpfung auf diese allgemein gültige Normalform zurückgeführt werden kann. Der Algorithmus zur Prüfung der Übergangsbedingungen soll am Beispiel der folgenden, auf disjunktive Normalform gebrachten Übergangsbedingung k_{rs} zwischen dem Zustand Zr und dem Zustand Zs entwickelt werden:

$$k_{rs} = b1 \wedge b2 \wedge Z0 \vee \overline{b2} \wedge b3 \wedge Z1 \qquad (4.1)$$

Die binären Variablen b1...b3 sind Gebersignale und werden als Verriegelungsbedingungen mit den Zustandsvariablen Z0 und Z1 anderer Zustandsgraphen logisch verknüpft. Die Übergangsbedingung k_{rs} ist dann erfüllt, wenn eine oder beide Konjunktionen logisch wahr sind.

Da die binären Variablen b1...b3 in Abhängigkeit von der Klemmenbelegung an der Prozeßschnittstelle auf mehrere Datenworte im Speicher verteilt und innerhalb eines Datenwortes an beliebigen Bitstellen stehen können, müssen diese Variablen für die logische Verknüpfung zuerst aufbereitet werden. Ziel dieser Aufbereitung ist die Ermittlung des logischen Status (wahr oder nicht wahr) der Variablen. Entsprechendes gilt auch für die Zustandsvariablen, da diese, wie eingangs erwähnt, nicht binär sondern zahlenmäßig codiert sind.

Die Statusermittlung durch Auswertung des Null-Statusbits
(auch zero-flag genannt) im Statusregister (Flagregister)
soll beispielhaft in <u>Bild 4.9</u> für die binäre Variable b1,
die im Akkumulator (Akku) an der dritten Bitstelle steht,
gezeigt werden. Dieses Null-Statusbit wird in Abhängigkeit
vom Ergebnis logischer und arithmetischer Operationen beeinflußt. Ist das Ergebnis einer solchen Operation gleich
Null, so wird das Null-Statusbit gesetzt, andernfalls gelöscht. Ein Statusbit, das dieser Funktion entspricht, ist
bei allen Mikroprozessoren vorhanden. Dagegen hängt die Art
der Befehle, die dieses Statusbit beeinflussen, vom Typ des
Mikroprozessors ab.

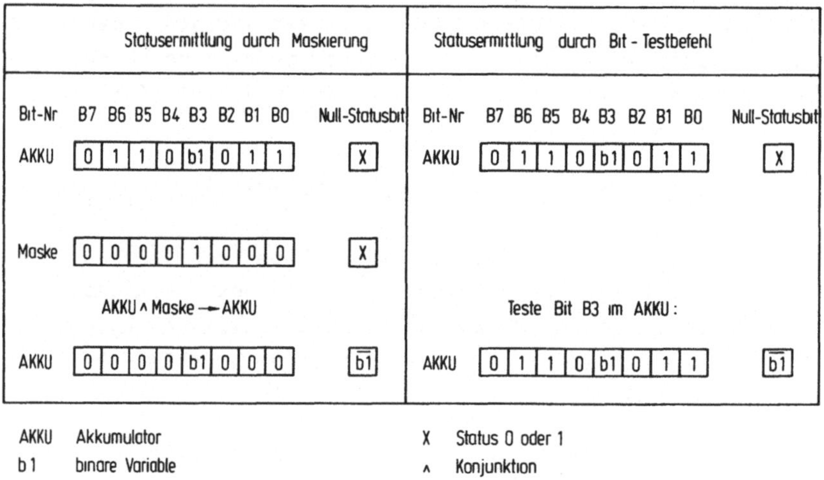

<u>Bild 4.9</u>: Statusermittlung bei binären Variablen

Eine elegante Methode zur Statusermittlung ist die Anwendung von Bit-Testbefehlen. Mit diesen Befehlen ist es möglich, durch Angabe der Speicher- oder Registeradresse und
der Bitnummer innerhalb der Speicherzelle oder des Regi-
sters den Status einer beliebigen Bitstelle unabhängig und
ohne Beeinflussung der anderen Bitstellen zu testen. Bei

der Ausführung des Bit-Testbefehls (Teste bit B3 im Akku) wird das Null-Statusbit in Abhängigkeit vom logischen Status der getesteten Bitstelle gelöscht oder gesetzt. Ist der Status der getesteten Variablen b1 logisch "0", so wird das Null-Statusbit gesetzt, andernfalls gelöscht. Sein Status entspricht immer dem komplementären Status der getesteten Bitstelle (Bild 4.9).

Die Bit-Testbefehle sind nicht bei allen Mikroprozessoren standardmäßig implementiert. In diesem Fall kann der Status durch Maskierung ermittelt werden (Bild 4.9). Durch die UND-Verknüpfung mit einer entsprechenden Maske werden alle Bitstellen außer B3 ausgeblendet, so daß das Ergebnis der UND-Verknüpfung nur vom Status von b1 abhängt und in gleicher Weise wie bei den Bit-Testbefehlen das Null-Statusbit beeinflußt.

Die Statusermittlung mit Bit-Testbefehlen bietet dann Vorteile, wenn mehrere binäre Variablen in einem Datenwort liegen, da im Gegensatz zur Maskierung das Datenwort durch den Bit-Testbefehl nicht verändert wird und ohne Nachladen für weitere Statustests zur Verfügung steht.

Die Statusermittlung der Zustandsvariablen kann ebenfalls durch Beeinflussung des Null-Statusbits realisiert werden. Hierzu wird der Inhalt der zugehörigen Speicherzelle ZV mit dem Zahlenwert m·p des zu prüfenden Zustandes Zm verglichen (Compare-Befehl). Bei Gleichheit wird das Null-Statusbit gesetzt, sonst gelöscht.

Die Methode der Statusermittlung durch Auswerten des Null-Statusbits ist prozessorunabhängig und eignet sich sowohl bei binären Variablen als auch bei zahlencodierten Zustandsvariablen. Außerdem ermöglicht sie einen einfachen, auf kurze Rechenzeiten ausgelegten Algorithmus zur Prüfung der Übergangsbedingungen. Dieser ist in Form eines Flußdiagramms für die Übergangsbedingung nach GL. 4.1 in <u>Bild 4.10</u> dargestellt.

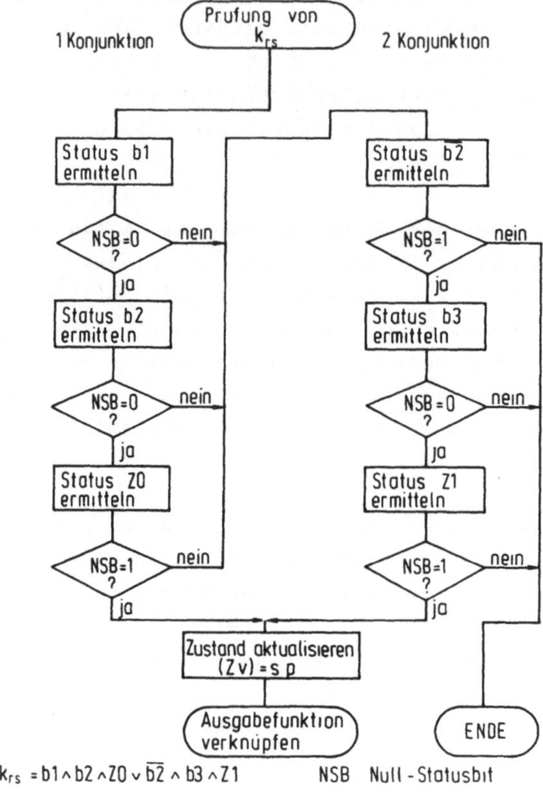

<u>Bild 4.10</u>: Algorithmus zur Prüfung der Übergangsbedingungen

Die Realisierung der logischen Verknüpfungen gemäß der disjunktiven Normalform (Gl. 4.1) durch die explizite Anwendung der logischen Verknüpfungsbefehle UND und ODER ist durch die notwendige Zwischenspeicherung der Verknüpfungsergebnisse der Konjunktionen umständlich und rechenzeitintensiv. Ein weiterer Nachteil dieser Realisierungsart ergibt sich aus dem Verknüpfungsmechanismus, da unabhängig vom logischen Zustand der zu verknüpfenden Variablen das Verknüpfungsergebnis erst nach der Verknüpfung aller Konjunktionen zur Verfügung steht. Diese Nachteile vermeidet der Algorithmus in <u>Bild 4.10</u>.

Die konjunktive Verknüpfung wird hier durch die sequentielle Abfrage der Variablen (vertikale Zweige im Flußdiagramm) gebildet. Der Übergang zu einem parallelen, vertikalen Zweig entspricht der disjunktiven Verknüpfung. Durch die Abfrage des Null-Statusbits mit bedingten Sprungbefehlen, wird die konjunktive Verknüpfung bei nicht erfülltem logischem Status der Variablen abgebrochen bzw. zur nächsten Konjunktion gesprungen (paralleler Zweig). Ergibt die Prüfung der Übergangsbedingung einen Zustandsübergang zum Zustand Zs, so wird in der Speicherzelle ZV des vom Steuerungsprogramm momentan bearbeiteten Zustandsgraphen der Wert s p, der dem neuen aktuellen Status Zs entspricht, eingetragen. Damit ist automatisch der alte Zustand Zr gelöscht.

Bei dem Flußdiagramm in <u>Bild 4.10</u> wurde außerdem berücksichtigt, daß eine Verknüpfung der Ausgabefunktion nur beim Übergang zu einem neuen Zustand (Zustandsaktualisierung) notwendig ist. Diese Unterscheidung erspart zusätzliche Rechenzeit (vgl.<u>Bild 4.7</u>).

Aufgrund der eindeutigen Strukturierung der disjunktiven Normalform kann der Algorithmus in <u>Bild 4.10</u> einfach an die Zahl der zu verknüpfenden Variablen innerhalb der Konjunktionen (sequentielle Abfragen in einem vertikalen Zweig) und an die Zahl der disjunktiv zu verknüpfenden Konjunktionen angepaßt werden.

Die Rechenzeit zur Prüfung der Übergangsbedingungen hängt vom Prozeßzustand und von der Zahl der zu verknüpfenden Variablen und Konjunktionen ab. Durch die Abfrage mit bedingten Sprungbefehlen ergibt sich im zeitlichen Mittel eine deutliche Reduzierung der Rechenzeit im Verhältnis zu unverzweigten Verknüpfungsalgorithmen (Verknüpfung mit UND- und ODER-Befehlen).

Die logische Struktur der Ausgabefunktion zur Stellgliedansteuerung entspricht der disjunktiven Verknüpfung von Zustandsvariablen. Damit eignet sich der Algorithmus in **Bild 4.10** in vereinfachter Form auch zur Verknüpfung der Ausgabefunktion.

Es ist grundsätzlich möglich, Zustandsgraphen rechnerunterstützt in steuergeräteabhängige Programme umzusetzen. Die rechnerunterstützte Umsetzung basiert auf der Generierung von Daten, welche die Struktur der Zustandsgraphen beschreiben und von einem Interpreter (Grapheninterpreter) in der Steuerung abgearbeitet werden. Eine Darstellung dieser Datenstruktur und des Grapheninterpreters ist im Rahmen dieser Arbeit nicht möglich, weshalb auf entsprechende Literatur verwiesen wird /39/.

4.3.3 Struktur des Steuerungsprogramms

Die prinzipielle Struktur des Steuerungsprogramms auf der Basis von Zustandsgraphen für Funktionsabläufe, Funktionsgruppen und Funktionseinheiten gibt **Bild 4.11** wieder. Während der Initialisierungsphase (Einschaltroutine) der numerischen Fördermittelsteuerung werden die einzelnen Zustandsgraphen in Abhängigkeit der Gebersignale in den aktuellen Prozeßzustand gesetzt. Die zyklische Bearbeitung des Steuerungsprogramms beginnt mit der Aktualisierung des Prozeßabbildes durch Einlesen und Abspeichern der Eingänge (synchrone Funktionssteuerung). Analog werden die Ausgangssignale zur Stellgliedansteuerung im Prozeßabbild zwischengespeichert und zyklisch am Ende des Steuerungsprogramms an die Prozeßschnittstelle ausgegeben. Die Vorteile der synchronen Arbeitsweise mit einem internen Prozeßabbild liegen einerseits in der hazardfreien Ansteuerung der Stell-

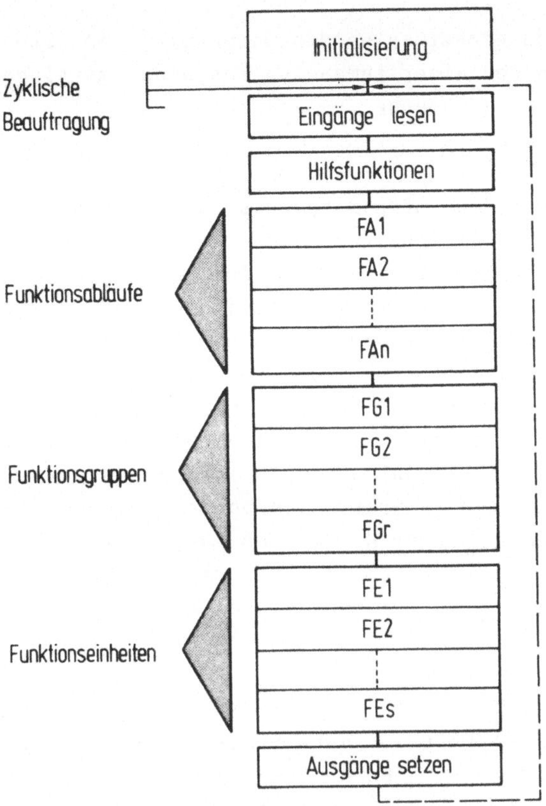

Bild 4.11: Struktur des Steuerungsprogramms zur Verarbeitung
von Schaltfunktionen

glieder, da die Eingänge und Ausgänge während der Zykluszeit T_z stabil sind, andererseits können andere Steuerungsprogramme der numerischen Fördermittelsteuerung auf die
Daten des internen Prozeßabbildes zugreifen (Fensterfunktion).

Zu den Hilfsfunktionen zählen diejenigen Steuerungsaufgaben,
die nicht mit Zustandsgraphen beschreibbar sind (z.B. Zähl-
funktionen, einfache Arithmetik, Umcodieren usw.). Die Zu-

und Funktionseinheiten werden sequentiell im Steuerungsprogramm gemäß den Algorithmen zur Zustandsermittlung, Prüfung
der Übergangsbedingungen und Verknüpfung der Ausgabefunktionen abgearbeitet.

Die zyklische Beauftragung des Steuerungsprogramms kann
entweder durch eine übergeordnete Ablaufsteuerung (Taskverwaltung) oder über eine softwareseitige Rückkopplung (Rücksprung zum Programmanfang) realisiert werden. Bei der Beauftragung über die Taskverwaltung in einem festen Zeitraster
ist die Zykluszeit T_z konstant und hängt nicht vom Prozeß
bzw. von der Länge des Steuerungsprogramms ab. Außerdem ist
damit die Realisierung zeitabhängiger Übergangsbedingungen
für Timerfunktionen und Zeitüberwachung möglich. Die Beauftragung im festen Zeitraster benötigt einen höheren Ver-
waltungsaufwand in der Ablaufsteuerung gegenüber der soft-
wareseitigen Schleifenbildung und empfiehlt sich, wenn mehrere Tasks zu verwalten und zu beauftragen sind (vgl. Kapitel 6).

In **Bild 4.12** ist die Rechenzeit und der Speicherbedarf
für die Programmodule der Schaltfunktionen aufgelistet.
Der Tabelle sind die Funktionsabläufe, Funktionsgruppen und
Funktionseinheiten gemäß Abschnitt 4.2.1 und 4.2.2 zugrunde
gelegt. Die Werte für die Rechenzeit und den Speicherbedarf
beziehen sich auf die Assemblerprogramme des Mikroprozessors
Z80 (Taktfrequenz 2,5MHz) und beinhalten bei den Zustands-
graphen FA1...FE3 jeweils Zustandsermittlung, Prüfung der
Übergangsbedingungen und Verknüpfung der Ausgabefunktionen.
Der Rechenzeitbedarf für die Zustandsermittlung beträgt
unabhängig von der Struktur des Zustandsgraphen 29µs. Dage-
gen stellen die Rechenzeiten in der Tabelle (FA1...FE3)
Mittelwerte dar, da die Rechenzeit bei der Prüfung der
Übergangsbedingungen prozeßabhängig ist. Die maximalen
Abweichungen von der aufsummierten Rechenzeit betragen ca.
±150µs. Aus **Bild 4.12** erkennt man, daß die Rechenzeit haupt-

Kriterien Programmodule	Rechenzeit [µs]	Speicherbedarf [byte]
Zustandsermittlung	29	16
FA 1	70	160
FA 2	65	125
FA 3	50	200
FG 1	110	200
FG 2	48	147
FG 3	55	145
FG 4	75	112
FE 1	93	107
FE 2	120	135
FE 3	85	107
Eingänge lesen	120	15
Ausgange setzen	25	14
Hilfsfunktionen	110	30
Summe	1055 µs	1513 byte

<u>Bild 4.12</u>: Rechenzeit und Speicherbedarf für die Programm-
module der Schaltfunktionen

sächlich von der Komplexität der Übergangsbedingungen abhängt und nicht mit steigendem Speicherbedarf (Zahl der Zustände) zunimmt. Die Gesamtrechenzeit von ca. 1,1ms liegt
deutlich unter dem zulässigen Maximalwert von 20ms.

Die Anforderungen an den Mikrorechner bei der Verarbeitung
von Schaltfunktionen betreffen hauptsächlich den Befehls-
vorrat. Befehle zur Einzelsignalverarbeitung, wie Bit-Test-,
Bit-Setz- und Bit-Rücksetzbefehle, erleichtern die Programmierung der Übergangsbedingungen und Ausgabefunktionen
bei gleichzeitiger Reduzierung der Rechenzeit. Der Einsatz

eines 16bit-Mikrorechners bringt keinerlei Vorteile, die
den erhöhten Hardwareaufwand rechtfertigen, da die Einzelsignalverarbeitung sowie die indirekte Adressierung bei der
Zustandsermittlung mit 8bit-Mikrorechnern in gleicher Weise, aber kostengünstiger realisiert werden können.

5 Verarbeitung geometrischer Steuerdaten

Unter der Verarbeitung geometrischer Steuerdaten versteht man - wie bereits ausgeführt - die Lagesollwertbildung (Lageführungsgrößenerzeugung) und die Lageeinstellung (Lageregelung) für die Bewegungseinheiten. Die Erzeugung der Lageführungsgröße im Mikrorechner und die Lageregelung sind Schwerpunkte dieses Abschnitts.

5.1 Positionierung mit digitalem Lageregler

5.1.1 Struktur und Kennwerte des Lageregelkreises

Die Grundstruktur von Regelkreisen, deren Kennzeichen der geschlossene Wirkungsweg ist, ist in /40/ beschrieben. Im folgenden soll auf die besonderen Eigenschaften von Lageregelkreisen bei numerisch gesteuerten Bewegungseinheiten, auch Achsen genannt, eingegangen werden. Nach /10/ haben die Lageregelkreise die Aufgabe, die numerisch gesteuerten Bewegungseinheiten selbsttätig und optimal dem zeitlichen Verlauf der Lageführungsgrößen nachzuführen. Die Lageführungsgrößen sind entsprechend der gewünschten Weg-Zeit-Funktion vorzugeben. In Bild 5.1 ist der grundsätzliche Signalflußplan für eine numerisch gesteuerte Bewegungseinheit dargestellt.

Danach umfaßt der Lageregelkreis die Regeleinrichtung und die Regelstrecke, bestehend aus dem drehzahlgeregelten Antrieb und den mechanischen Übertragungsgliedern /41/. Der dem Lageregelkreis im allgemeinen unterlagerte Geschwindigkeitsregelkreis weist hinsichtlich der Lageregelung folgende Vorteile auf:
- Verbesserung der Dynamik des Lageregelkreises (schnellerer Positioniervorgang);
- Die Unempfindlichkeit der Antriebe hat keinen Einfluß auf die Positioniergenauigkeit;

- Die vorgegebene Geschwindigkeit ist unabhängig vom Lastmoment (Störgrößenausregelung).

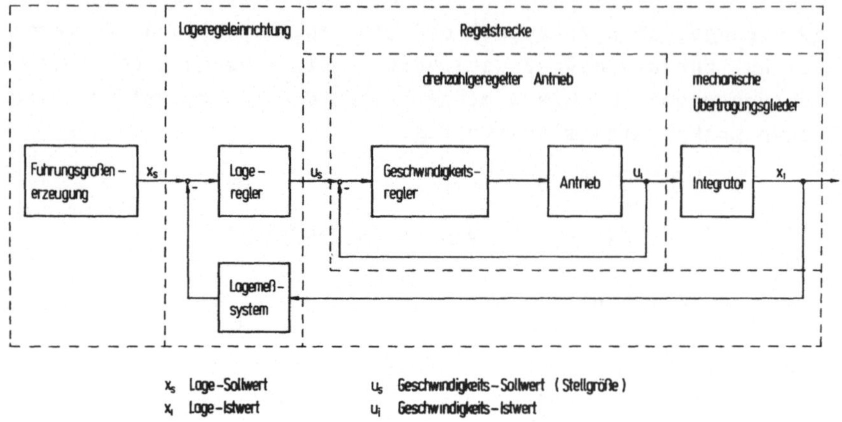

x_s Lage-Sollwert u_s Geschwindigkeits-Sollwert (Stellgröße)
x_i Lage-Istwert u_i Geschwindigkeits-Istwert

Bild 5.1: Allgemeiner Signalflußplan eines Lageregelkreises
mit unterlagertem Geschwindigkeitsregelkreis

Um qualitative Aussagen über das dynamische Verhalten des Lageregelkreises sowie Dimensionierungsangaben bei der Auslegung des Reglers machen zu können, sind bestimmte Kennwerte des Lageregelkreises notwendig. Dazu werden die dynamischen Eigenschaften der einzelnen Übertragungsblöcke in **Bild 5.1** durch Grundübertragungsglieder entsprechend DIN 19226 und DIN 19229 /42,43/ beschrieben.

Hinsichtlich des Frequenzganges F_A des geregelten Antriebs sind zwei Fallunterscheidungen zu treffen:

Fall 1:
Das zeitliche Verhalten des geschwindigkeitsgeregelten Antriebs entspricht einem Verzögerungsglied erster Ordnung (PT1-Glied) mit der Antriebszeitkonstanten T_A, oder es wird

durch ein solches angenähert. <u>Bild 5.2</u> zeigt das zugehörige Blockschaltbild des Lageregelkreises. Für die Stellgröße u_s gilt:

$$u_s = K_v (x_s - x_i) = K_v \, \Delta x \qquad (5.1)$$

mit Δx als Regelabweichung.

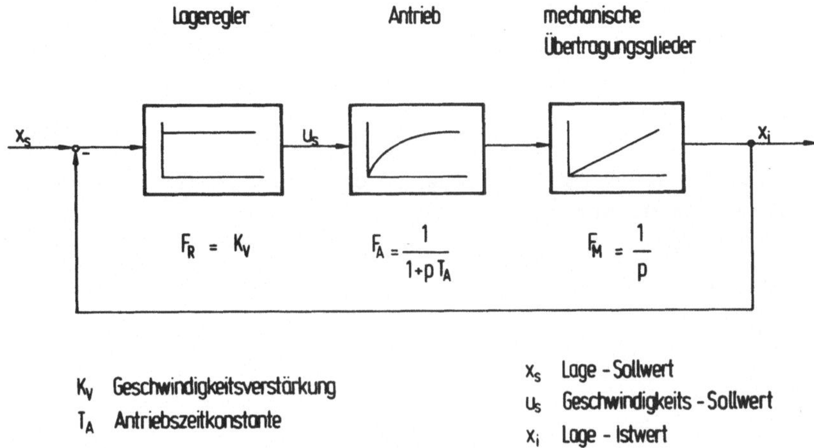

<u>Bild 5.2</u>: Vereinfachtes Blockschaltbild des Lageregelkreises

Nach /41/ gilt in diesem Fall für die Dämpfung D_L und die Kennkreisfrequenz ω_{0L} des Lageregelkreises (Kennwerte):

$$D_L = \frac{1}{2} \sqrt{\frac{1}{T_A \, K_v}} \qquad (5.2)$$

$$\omega_{0L} = \sqrt{\frac{K_v}{T_A}} \qquad (5.3)$$

<u>Fall 2:</u>

Das zeitliche Verhalten des geschwindigkeitsgeregelten Antriebs entspricht einem Verzögerungsglied 2. Ordnung (PT2-Glied), oder es wird durch ein solches angenähert. Die Kennwerte des Lageregelkreises sind in diesem Fall:

- Geschwindigkeitsverstärkung K_v;
- Kennkreisfrequenz ω_{0A} des Antriebs;
- Dämpfungsgrad D_A des Antriebs.

Für die Bestimmung der optimalen Geschwindigkeitsverstärkung K_{vopt} wird als Gütekriterium die quadratische Vergleichsregelfläche mit der Anstiegsfunktion als Testsignal zugrunde gelegt /41/. Basierend auf diesem Kriterium ist in <u>Bild 5.3</u> die Kurve für optimale, auf ω_{0A} bezogene K_v- Werte in Abhängigkeit von D_A aufgetragen.

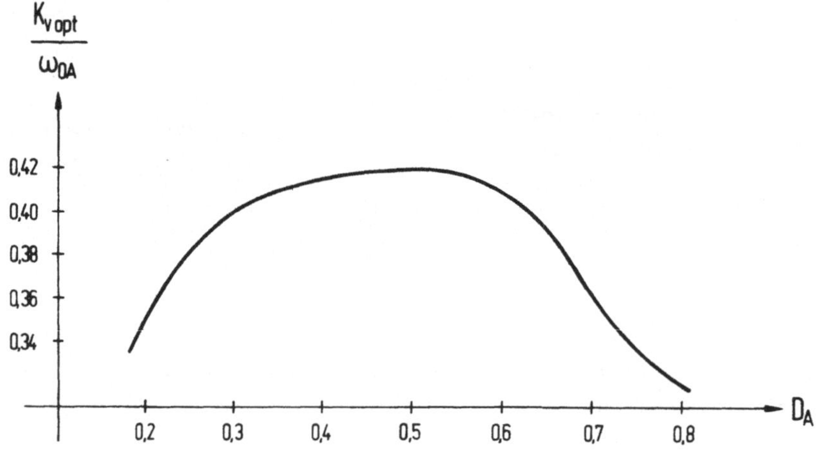

<u>Bild 5.3</u>: Kurve für optimale, auf ω_{0A} bezogene K_v -Werte in Abhängigkeit von D_A (Gütekriterium quadratische Vergleichsregelfläche)

Aus der Kurve erhält man für $D_A = 0,5$ ein absolutes Maximum bei

$$K_{voptmax} = 0,42\ \omega_{0A} \qquad (5.4a)$$

Will man ein überschwingungsfreies Positionieren /41/ erreichen, so verringert sich der Wert von $K_{voptmax}$ auf:

$$K_{voptmax} = 0,3\ \omega_{0A} \qquad (5.4b)$$

Die Dämpfung D_A sollte im Bereich $0,4 < D_A < 0,8$ liegen.

Die Gl. 5.2, 5.3, 5.4a und 5.4b werden im Rahmen dieser Arbeit außer zur Optimierung des Drehzahl-und Lageregelkreises auch zur Dimensionierung des Achsinterface herangezogen. Die Geschwindigkeitsverstärkung K_v ist vorgebbar und ein Maß für die Stabilität und die Dynamik des Regelkreises. Die Antriebszeitkonstante T_A erhält man durch Auswerten der Sprungantwort.

Das folgende Beispiel soll die Zusammenhänge anhand einiger Zahlenwerte verdeutlichen. Als Meßergebnis steht die Sprungantwort eines drehzahlgeregelten Antriebs zur Verfügung.

<u>Fall 1)</u>: Annäherung der Sprungantwort mit PT1-Glied:

$$T_A = 10\ ms\ \text{(gemessen)}$$

Mit Gl. 5.2 und 5.3 erhält man:

$$K_v = \frac{1}{2\ T_A} = 50\ \frac{1}{s} \qquad \text{für } D_L = 0,7 \text{ (geringes Überschwingen)}$$

$$\omega_{0L} = \sqrt{\frac{K_v}{T_A}} = 70\ \frac{1}{s}$$

- 78 -

<u>Fall 2)</u>: Sprungantwort als PT2-Glied:

$\omega_{0A} = 150\ 1/s$, $D_A = 0,7$ (gemessen)

K_{vopt} aus Kurve $K_{vopt}/\omega_{0A} = f\ (D_A)$ in <u>Bild 5.3</u>:

$K_{vopt} = 0,35\ \omega_{0A} = 46\ 1/s$

Die Beispiele zeigen, daß zur Bestimmung des K_v - Faktors
die Approximation mit einem PT1-Glied im Fall 1) ein hinreichend genaues Ergebnis liefert, wobei der so ermittelte K_v -
Wert aufgrund der Näherung in der Praxis zu kleineren Werten hin zu korrigieren ist.

5.1.2 <u>Digitalisierung des Lagereglers und Wahl der Abtast-</u>
<u>zeit</u>

Die Signalverarbeitung in Lageregelkreisen kann mit digitalen oder analogen Schaltkreisen ausgeführt werden. Digital
arbeitende Regler werden heute überwiegend in speicherpro-
grammierter Technik realisiert. Das Regelgesetz wird als
Regelalgorithmus softwaremäßig in einem Mikrorechner pro-
grammiert. Aufgrund der sequentiellen Arbeitsweise des Mikrorechners ist es jedoch notwendig, den Lageregler als
digitalen, zeitdiskreten Regler zu betrachten. In dem zeitdiskreten, digitalen Lageregelkreis in <u>Bild 5.4</u> übernimmt
der Mikrorechner die Funktionen Lageregelung und Führungsgrößenerzeugung. Hierzu muß die zeitkontinuierliche Regelgröße $x_i(t)$ zu äquidistanten Zeitpunkten abgetastet und
digitalisiert werden, damit sie entsprechend dem Regelalgorithmus mit der Lageführungsgröße $x_s(kT)$ zu einem zeitdiskreten Stellsignal $u_s(kT)$ verarbeitet werden kann. Das
Stellsignal $u_s(kT)$ wird über das Halteglied (Digital-Analogwandler) in ein zeitkontinuierliches Treppensignal $u_s(t)$
umgeformt und bildet das Eingangssignal für den mit analogen
Signalen arbeitenden Geschwindigkeitsregelkreis.

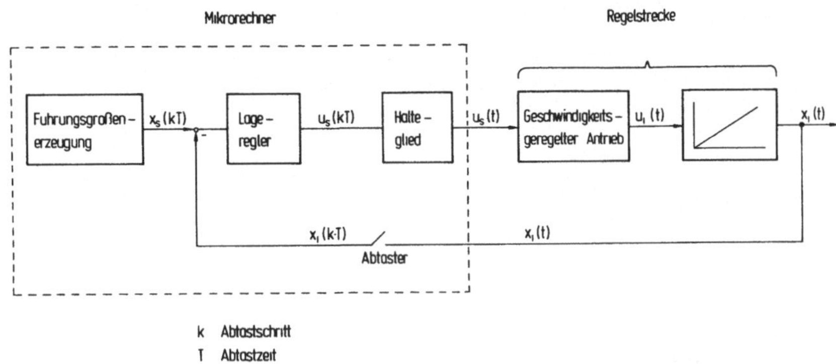

Bild 5.4: Blockschaltbild eines digitalen, zeitdiskreten Lagereglers auf Mikrorechnerbasis

Einen wesentlichen Einfluß auf das Verhalten von Abtastregelkreisen hat neben den bereits definierten Kenngrößen des Lageregelkreises die Abtastzeit T. Die Wahl der Abtastzeit hängt von der Dynamik der Regelstrecke (Antriebssystem) ab. Im Sinne einer hohen Regelgüte ist die Abtastzeit einerseits möglichst klein zu wählen, andererseits muß zur Berechnung der Lageführungsgrößen und zur Abarbeitung der Regelalgorithmen im Mikrorechner die dazu notwendige Zeit innerhalb des Abtastintervalls zur Verfügung stehen. Dies gilt insbesondere bei der Regelung mehrerer Achsen durch einen Mikrorechner. Die Wahl der Abtastzeit hat sich deshalb primär nach der Dynamik der Regelstrecke zu richten. Die Algorithmen zur Führungsgrößenerzeugung und Regelung sind so auszulegen, daß sie in der durch die Streckendynamik vorgegebenen Abtastzeit vom Mikrorechner abgearbeitet werden können.

Zur Festlegung der Abtastzeit T stehen für Antriebssysteme zweiter Ordnung (PT2-Glied) verschiedene Kriterien zur Verfügung. Für Antriebssysteme mit PT1-Verhalten wird in Ermangelung spezieller Kriterien das erweiterte Shannon'sche Abtasttheorem zugrunde gelegt /41/:

$$\frac{\pi}{5\,\omega_g} \leq T \leq \frac{\pi}{3\,\omega_g} \qquad (5.5)$$

wobei $\omega_g = \omega_{0L}$

Für Antriebssysteme mit PT2-Verhalten ergeben sich nach /44/ minimale Werte des I_{ISEV}-Gütekriteriums (diskretes Summenkriterium der quadratischen Vergleichsregelfläche) für:

$$\frac{0,4}{\omega_{0A}} \leq T \leq \frac{1}{\omega_{0A}} \qquad (5.6)$$

Das Gütekriterium wurde zwar nur für $D_A = 0,5$ simuliert, eine Erweiterung des Dämpfungsbereiches auf $0,5 < D_A < 0,8$ ist aber zulässig, da eine Erhöhung der Dämpfung D_A eine Verringerung der Kennkreisfrequenz ω_{0A} bewirkt und die nach Gl. 5.6 berechnete Abtastzeit dadurch etwas zu klein ist. Die Werte für T liegen also auf der sicheren Seite.

Die Berechnung der Abtastzeit soll anhand des Antriebs aus dem vorhergehenden Beispiel verdeutlicht werden.

<u>Fall 1</u>): (PT1-Verhalten) Mit Gl. 5.5 und $\omega_{0L} = 70$ 1/s ergibt sich für T:

$$8ms \leq T \leq 14ms \qquad (5.7)$$

<u>Fall 2</u>): (PT2-Verhalten)
$\omega_{0A} = 150$ 1/s in Gl. 5.6 eingesetzt ergibt:

$$3\,\text{ms} \leq T \leq 7\,\text{ms} \qquad\qquad (5.8)$$

Wie die Zahlenbeispiele zeigen, weichen die Wertebereiche für die Abtastzeit T (Gl. 5.7 und 5.8) doch erheblich voneinander ab. Dies hängt unmittelbar mit dem Kriterium entsprechend Gl. 5.5 zusammen, da hier die Kennkreisfrequenz ω_{OL} des geschlossenen Lageregelkreises eingesetzt wird und nicht die Kennkreisfrequenz ω_{OA} des geregelten Antriebs.

Betrachtet man die Antriebszeitkonstante T_A = 10ms (Zeitverhalten des Antriebs mit PT1-Glied angenähert), die etwa gleich der berechneten Abtastzeit T in Gl. 5.7 ist, so erkennt man, daß das Antriebssystem von seiner Dynamik her in der Lage ist, Schwingungen mit der Frequenz f = 1/T auszuführen, die sich besonders ausgeprägt im zeitlichen Verlauf des Motorstroms zeigen. Dies ist vor allem bei batteriebetriebenen Fördermitteln im Hinblick auf eine günstige Energiebilanz zu vermeiden, deshalb sollte die Abtastzeit nicht größer als $T_A/2$ sein.

Legt man für das Antriebssystem PT2-Verhalten zugrunde, so erhält man für die Abtastzeit T nach Gl. 5.6 einen Wertebereich für T, der um den Faktor zwei kleiner ist als nach Gl. 5.5. Damit liegt die Abtastzeit deutlich unter der Zeitkonstanten T_A und reduziert die Schwingungen des Motorstromes.

Zusammenfassend läßt sich feststellen, daß die näherungsweise Beschreibung der Antriebsdynamik mit einem PT1-Glied im Hinblick auf die Berechnung der Geschwindigkeitsverstärkung K_V zwar hinreichend genau ist, jedoch bei der Bestimmung der Abtastzeit nach Gl. 5.5 in Ermangelung eines geeigneten Kriteriums zu große Werte liefert. Es empfiehlt sich deshalb, die Abtastzeit T entweder nach Gl. 5.6 mit ω_{OA} als gemessenem Parameter oder nach $T < T_A/2$ zu berechnen.

Wie in **Bild 5.4** dargestellt, wird das zeitdiskrete Stellsignal $u_s(kT)$ über einen Digital-Analogwandler (Halteglied)
in ein zeitkontinuierliches Signal $u_s(t)$ umgeformt. Eine
weitere Kenngröße des digitalen Lageregelkreises ist die
Wortbreite W (Zahl der Binärzeichen) des Digital-Analogwandlers. Sie läßt sich aus dem Geschwindigkeitsstellbe-
reich B wie folgt ableiten:

$$B = \frac{u_{smax}}{u_{smin}} \qquad (5.9a)$$

nach Gl. 5.1 gilt für u_s:

$$u_s = K_v(x_s - x_i) = K_v\,\Delta x \qquad (5.1)$$

mit $\Delta x = Q$ (Q Auflösung des Meßsystems) erhält man:

$$u_{smin} = K_v\,Q \qquad (5.10)$$

Gl. 5.10 in Gl. 5.9a eingesetzt:

$$B = \frac{u_{smax}}{K_v\,Q} \qquad (5.9b)$$

Die Wortbreite W des Digital-Analogwandlers ergibt sich aus
dem Logarithmus dualis (Logarithmus zur Basis 2) des Stell-
bereiches B plus einem zusätzlichen Binärzeichen für das
Vorzeichen:

$$W = ld\left(\frac{u_{smax}}{K_v\,Q}\right) + 1 \qquad (5.11)$$

In **Bild 5.5** sind die wichtigsten Kenngrößen zur Auslegung
von digitalen Lagereglern auf Mikrorechnerbasis mit den
zugehörigen Kriterien tabellarisch zusammengefaßt.

Kenngröße	Kriterium	
	Antrieb PT1 - Verhalten	Antrieb PT2 - Verhalten
K_v	$K_v = \dfrac{1}{2T_A}$, $D_L = 0{,}7$ T_A gemessen	$K_{v\,optmax} = 0{,}30\,\omega_{0A}$, $D_A = 0{,}5$ oder $\dfrac{K_{vopt}}{\omega_{0A}} = f\,(D_A)$ (Bild 5.3) ω_{0A}, D_A gemessen
T	$\dfrac{\pi}{5\omega_{0L}} \leq T \leq \dfrac{\pi}{3\omega_{0L}}$ $\omega_{0L} = \sqrt{\dfrac{K_v}{T_A}}$ besser $T \leq \dfrac{T_A}{2}$	$\dfrac{0{,}4}{\omega_{0A}} \leq T \leq \dfrac{1}{\omega_{0A}}$ $(0{,}4 \leq D_A \leq 0{,}8)$
W	$W = \mathrm{ld}\left(\dfrac{u_{smax}}{K_v \cdot Q}\right) + 1$	

Bild 5.5: Kenngrößen und ihre Kriterien zur Digitalisierung des Lageregelkreises

5.2 Führungsgrößenerzeugung im Mikrorechner

Neben den Kenngrößen des Lageregelkreises beeinflußt der zeitliche Verlauf der Lageführungsgröße (LFG) das Positionierverhalten der Bewegungseinheit. In **Bild 5.6** ist dieser Zusammenhang graphisch dargestellt. **Bild 5.6a** zeigt einen Positioniervorgang ohne Führungsgrößenbeeinflussung, der durch einen nadelförmigen Verlauf der Führungsbeschleunigung gekennzeichnet ist. Beim Positioniervorgang in **Bild 5.6b** verläuft die Führungsbeschleunigung sprungförmig aber mit betragsmäßig begrenzter Amplitude . Aufgrund des parabelförmigen Verlaufes der Lageführungsgröße x_S beim Anfahren und Bremsen bezeichnet man diese Weg-Zeit-Funktion auch als Slope. Ein besonders weiches Anfahren und Bremsen bewirkt die LFG in **Bild 5.6c**, da die dritte Ableitung der Weg-Zeit-Funktion wegen des zeitlinearen Anstiegs und Abfalls der Führungsbeschleunigung beschränkt ist. Die Anwendung

der Lageführungsgrößenvorgabe nach <u>Bild 5.6c</u> ist vor allem
bei Regalförderzeugen gegeben. Hier kann das Regalförderzeug beim Anfahren hochgelegener Regalfächer aufgrund der
ungünstigen kinetischen Verhältnisse durch Vorgabe einer
sprungförmigen Führungsbeschleunigung zu Schwingungen während des Positioniervorgangs angeregt werden.

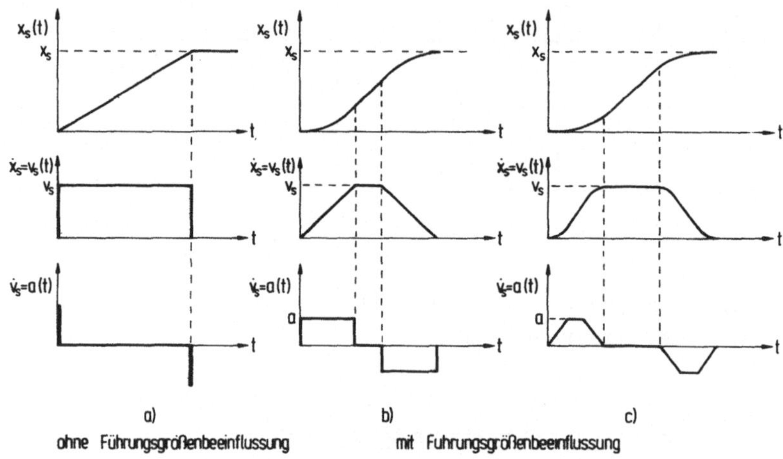

<u>Bild 5.6</u>: Geschwindigkeits- und beschleunigungsgesteuerte
Lageführungsgrößenerzeugung

Als Vorteile einer beschleunigungsgesteuerten Lageführungsgrößenerzeugung ergeben sich
- eine wesentliche Reduzierung der dynamischen Beanspruchung
  der Antriebssysteme und der Fördermittelmechanik
- sowie ein stetiger, ruckfreier Positioniervorgang ohne
  Überschwingen.
Im Rahmen dieser Arbeit soll von einer beschleunigungsgesteuerten Führungsgrößenerzeugung ausgegangen werden. Die
beschleunigungsgesteuerte Führungsgrößenerzeugung basiert
auf der Beschränkung der zweiten bzw. dritten Ableitung der
Weg-Zeit-Funktion der Lageführungsgröße (Führungsgrößen-

glättung). In den folgenden Abschnitten werden Verfahren zur beschleunigungsgesteuerten Lageführungsgrößenerzeugung im Mikrorechner entwickelt und bewertet.

5.2.1 Rekursive Berechnung der Lageführungsgröße aus der Weg-Zeit-Funktion

Es soll eine slopeförmige LFG mit der beschränkten Führungsbeschleunigung a erzeugt werden (Bild 5.6b). Die Generierung der LFG $x_s(t)$ kann man analog zum Positioniervorgang in drei Phasen einteilen (Bild 5.7):
- Anfahren (Beschleunigen);
- Fahren mit konstanter Geschwindigkeit;
- Bremsen (Verzögern).

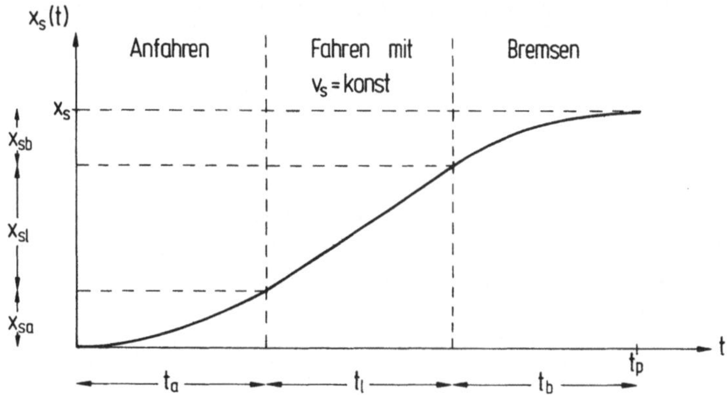

x_{sa} Anfahrweg
x_{sl} linearer Verfahrweg mit v_s=konst
x_{sb} Bremsweg
x_s Zielposition
v_s Führungsgeschwindigkeit

t_a Anfahr-bzw. Beschleunigungszeit
t_l Fahrzeit für v_s =konst
t_b Brems-bzw. Verzögerungszeit
t_p Positionierzeit

Bild 5.7: Phasen des Positioniervorganges

Unter der Voraussetzung, daß der Betrag der Beschleunigung bzw. der Verzögerung gleich groß ist, ist die Anfahrzeit t_a gleich der Verzögerungszeit t_b und der Anfahrweg x_{sa} gleich dem Verzögerungsweg x_{sb}. Da damit die Parameter der Weg-Zeit-Funktion für das Anfahren und Bremsen betragsmäßig identisch sind, muß es möglich sein, eine einzige Weg-Zeit-Funktion so zu berechnen, daß die Funktionswerte sowohl für den Anfahr- als auch für den Bremsvorgang Gültigkeit haben.

5.2.1.1 Generierung der Anfahr- und Bremsparabel

Aufgrund des integralen Zusammenhangs zwischen Beschleunigung, Geschwindigkeit und Weg erhält man für die Weg-Zeit-Funktion $x_s(t)$ beim Anfahren und Bremsen folgende Parabelgleichung:

$$x_s(t) = \frac{1}{2} a\, t^2 \qquad\qquad (5.12a)$$

Da der Lageregler als Abtastregler arbeitet, muß vom zeitkontinuierlichen Bereich t in den zeitdiskreten Bereich kT übergegangen werden:

$$x_s(kT) = \frac{1}{2} a\, (kT)^2 \qquad\qquad (5.12b)$$

In direkter Funktionsberechnung könnte die Parabel nach Gl. 5.12b berechnet werden. Dies erfordert jedoch einen schnellen, leistungsfähigen 16bit-Rechner. Mit Hilfe des folgenden rekursiven Verfahrens ist es möglich, die Parabelberechnung hinsichtlich der Rechenzeit zu optimieren. Dazu werden die Differenzenwerte $\Delta x_s(kT)$ zu den entsprechenden Abtastzeitpunkten aufaddiert (<u>Bild 5.8</u>).

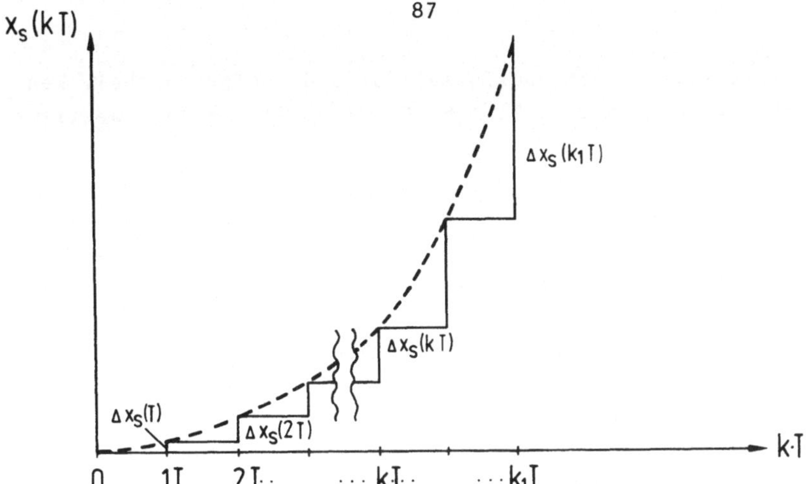

k_1: Zahl der Abtastintervalle beim Beschleunigen

Bild 5.8: Rekursive Berechnung der Anfahrparabel

$\Delta x_s(kT)$ erhält man aus der Differenz zweier Abtastzeitpunkte:

$$\Delta x_s(kT) = x_s(kT) - x_s(k-1)T \qquad (5.13)$$

Gl. 5.12b in Gl. 5.13 eingesetzt:

$$\Delta x_s(kT) = \frac{1}{2}\, a\, T^2 (2k-1) \qquad (5.14)$$

Die Anfahrparabel wird durch Summation der Differenzenwerte $\Delta x_s(k)$ wie folgt berechnet ($kT \to k$):

$$x_s(k) = \Delta x_s(0) + \Delta x_s(1) + \Delta x_s(2) + \ldots + \Delta x_s(k-1) + \Delta x_s(k) \qquad (5.15a)$$

$$x_s(k-1) = \Delta x_s(0) + \Delta x_s(1) + \Delta x_s(2) + \ldots + \Delta x_s(k-1) \qquad (5.15b)$$

Die rekursive Berechnungsformel für die Anfahrparabel kann durch Subtraktion der Gl. 5.15b von Gl. 5.15a bestimmt werden:

$$x_s(k) - x_s(k-1) = \Delta x_s(k) \qquad\qquad (5.16a)$$

$$x_s(k) = x_s(k-1) + \Delta x_s(k) \qquad\qquad (5.16b)$$

für $0 < k \leq k_1$, $x_s(0) = 0$, $\Delta x_s(0) = 0$

Bezüglich der Berechnung der Differenzenwerte $\Delta x_s(k)$ nach Gl. 5.14 sind in Abhängigkeit von der Anwendung zwei Möglichkeiten zu unterscheiden:

- Bei konstanter, nicht vorgebbarer Führungsbeschleunigung a werden die Werte $\Delta x_s(k)$ als Festwerte in einer Tabelle im EPROM abgelegt.

- Bei variabler, programmierbarer Führungsbeschleunigung a werden vom Mikrorechner bei der Initialisierung die Werte $\Delta x_s(k)$ nach Gl. 5.14 berechnet und als Tabelle im RAM abgelegt.

Während des Positioniervorganges sind dann die Werte aus der Tabelle zu entnehmen und zu diskreten Abtastzeitpunkten entsprechend Gl. 5.16b zu summieren. Programmtechnisch wird die Adressierung der Tabelle mit Hilfe eines Zeigers realisiert (<u>Bild 5.9</u>). Zu Beginn des Positioniervorganges steht der Zeiger am Anfang der Tabelle. Zum ersten Abtastzeitpunkt wird der Tabellenwert geholt und der Zeiger inkrementiert. Im nächsten Abtastzeitpunkt wird der durch den Zeiger adressierte Tabellenwert gelesen, addiert und der Zeiger wieder inkrementiert. Nach dem Beschleunigen auf die maximale Verfahrgeschwindigkeit steht der Zeiger am Tabellenende. Beim Bremsvorgang werden, ausgehend vom momentanen Zeigerstand minus eins, die Tabellenwerte in gleicher Weise wie beim Anfahren verarbeitet, jedoch wird dabei der Adreß-

zeiger dekrementiert. Damit ist es möglich, die einmal berechneten Parabeldifferenzenwerte sowohl beim Anfahren als
auch beim Bremsen zu verwenden.

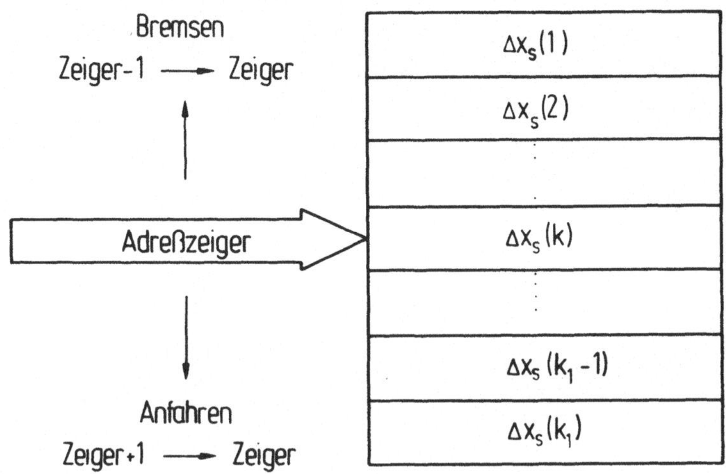

Bild 5.9: Aufbau und Adressierung der Anfahr- und Bremsta-
belle

5.2.1.2 Erzeugung der Lageführungsgröße unter Berücksichtigung von Fallunterscheidungen

Ausgehend von der programmierten Geschwindigkeit v_{smax}, der
Zielposition x_s , dem identischen Anfahr- und Bremsweg
($x_{sa} = x_{sb}$) kann die Lageführungsgröße für den Verfahrbe-
reich v_s = konst (linearer Verlauf des Weges über der
Zeit) berechnet werden (Bild 5.10).

Für die Verfahrzeit des linearen Wegabschnittes gilt:

$$k_2 T = \frac{x_{sl}}{v_{smax}} = \frac{x_s - 2x_{sa}}{v_{smax}} \tag{5.17}$$

Da die berechnete Anzahl k_2 der Abtastzeitpunkte ganzzahlig sein muß, wird der aus Gl. 5.17 berechnete Wert für k_2 auf ein ganzzahliges Ergebnis aufgerundet, dadurch ergibt sich eine geringfügigere Geschwindigkeit als v_{smax}. Diese Differenz zwischen dem nach der folgenden Gleichung berechneten Wegzuwachs Δx_s pro Abtastzeitintervall und dem Wegzuwachs des zuletzt ausgegebenen Parabeldifferenzenwertes $\Delta x_s(k_1)$ ist, wie eine graphische Auswertung der Lageführungsgröße ergab, vernachlässigbar (keine Knickstelle beim Übergang vom Beschleunigen in das Fahren mit konstanter Geschwindigkeit).

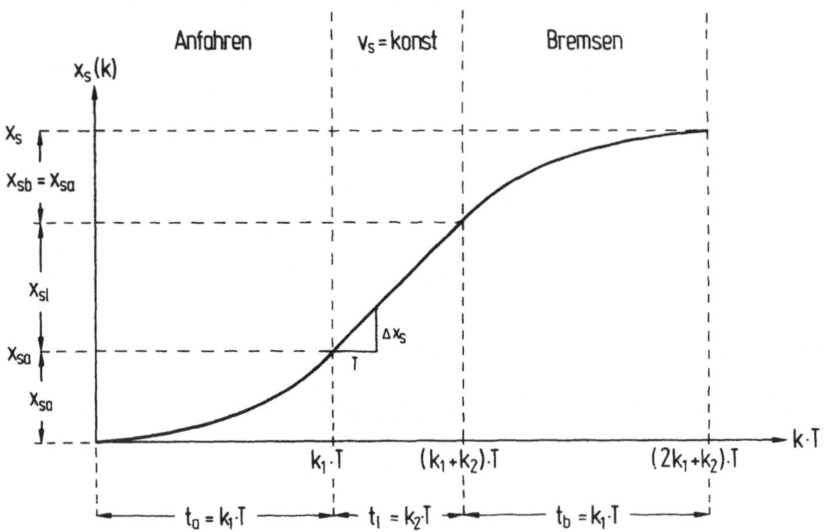

Bild 5.10: Stufenweise Berechnung der Lageführungsgröße

Der Weg x_{sl} wird durch eine Linearinterpolation auf k_2 Abtastzeitpunkte aufgeteilt. Für diesen konstanten Wegzuwachs Δx_s gilt:

$$\Delta x_s = \frac{x_{sl}}{k_2} = \frac{x_s - 2x_{sa}}{k_2} \qquad (5.18)$$

Analog zu Gl. 5.16b kann nun die Lageführungsgröße abschnittsweise nach folgenden rekursiven Gleichungen berechnet werden:

<u>Anfahren</u>: $\qquad x_s(k) = x_s(k-1) + \Delta x_s(k) \qquad (5.16b)$

$$\text{für } 0 < k \leq k_1$$

<u>v_s = konst</u>: $\qquad x_s(k) = x_s(k-1) + \Delta x_s \qquad (5.19)$

$$\text{für } k_1 < k \leq k_1 + k_2$$

<u>Bremsen</u>: $\qquad x_s(k) = x_s(k-1) + \Delta x_s(2k_1 + k_2 - k) \qquad (5.20)$

$$\text{für } k_1 + k_2 < k \leq 2k_1 + k_2$$

Beim bisherigen Berechnungsgang wurde von einer festen, maximalen Geschwindigkeit $v_s = v_{smax}$ ausgegangen. Wie sieht nun der Berechnungsgang für eine variable, programmierbare Geschwindigkeit v_s aus ?

Entsprechend der reduzierten Geschwindigkeit verkleinert sich die Beschleunigungszeit t_a ,das heißt, die in der Tabelle abgelegte Differenzenparabel wird nicht bis zum Tabellenende (v_{smax}) aufsummiert, sondern solange, bis der Zuwachs $\Delta x_s(k)$ der Parabel gleich oder größer der programmierten Geschwindigkeit v_s ist. Dieses $\Delta x_s(k_1)/T$ ist der Differentialquotient zum Zeitpunkt k_1 und entspricht der programmierten Geschwindigkeit. Die Werte k_2 und Δx_s werden nach Gl. 5.17 und Gl. 5.18 berechnet und die Lageführungsgröße mit den rekursiven Gleichungen (Gl. 5.16b, Gl. 5.19, Gl. 5.20) generiert. Für den Anfahrweg x_{sa} wird der bis zu diesem Zeitpunkt $k = k_1$ aufsummierte Parabelweg eingesetzt.

Mathematisch gesehen wurde im letzten auszugebenden Punkt der Anfahrparabel die Tangente angelegt, die dem linearen Wegabschnitt entspricht und damit einen knickfreien Verlauf der Lageführungsgröße garantiert.

Als Sonderfall ist die Vorgabe kleiner Verfahrwege zu betrachten ($x_s < 2x_{sa}$), bei denen nicht auf v_{smax} bzw. auf die programmierte Geschwindigkeit v_s beschleunigt werden kann. Für diesen Sonderfall sind zwei Lösungswege denkbar:

- Der Verfahrweg x_s wird zu gleichen Teilen auf den Anfahrweg x_{sa} und auf den Bremsweg x_{sb} aufgeteilt. Das bedeutet, der Positioniervorgang geht von der Beschleunigungsphase unmittelbar in die Bremsphase über (<u>Bild 5.11</u>a).

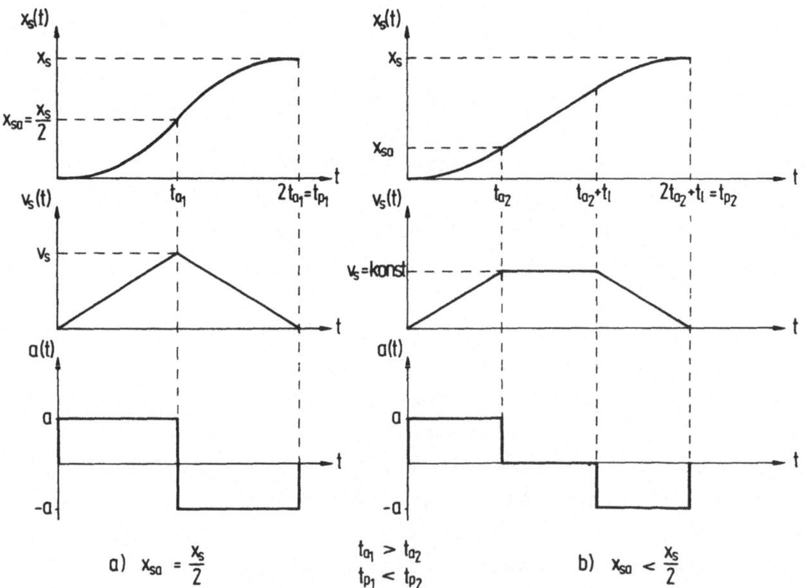

<u>Bild 5.11</u>: Positioniervorgänge mit begrenztem Anfahr- und Bremsweg

- Der Verfahrweg x_s wird so aufgeteilt, daß neben dem An-
  fahr- und Bremsweg eine lineare Wegstrecke mit v_s = konst
  durchfahren wird (<u>Bild 5.11b</u>).

Beim ersten Lösungsweg ergibt sich ein zeitoptimaler Positioniervorgang, da auf die maximal mögliche Geschwindigkeit beschleunigt wird. Dem steht als Nachteil die starke
Beanspruchung der Fördermittelmechanik und der Antriebssysteme (vgl. Abschnitt 2.4) durch den sprungförmigen Vor-
zeichenwechsel der Beschleunigung gegenüber (Schwingneigung). Dagegen wird beim zweiten Lösungsweg diese Beanspruchung auf Kosten eines zeitlich längeren Positioniervorgangs reduziert ($t_{p2} > t_{p1}$). Von den Anforderungen her
sollte das Fördermittel zeitoptimal mit maximal zulässiger
Führungsbeschleunigung positioniert werden.

Dazu sind in <u>Bild 5.12</u> zwei Kurven in Abhängigkeit von t_a/t_1
dargestellt. Auf der linken Ordinate sind die Werte in
Prozent für die Funktion $100\,(t_{p2} - t_{p1})/t_{p1} = f(t_a/t_1)$, auf
der rechten Ordinate die Werte für den bezogenen Anfahr-
weg $x_{sa}/x_s = f\,(t_a/t_1)$ aufgetragen. Die zur linken Ordinate
gehörige Kurve gibt in Abhängigkeit von t_a/t_1 an, um wie-
viel Prozent ein Positioniervorgang mit einem linearen Weg-
verlauf länger dauert, als ein Positioniervorgang ohne diesen linearen Wegabschnitt. In <u>Bild 5.12</u> erkennt man, daß
ausgehend vom Verhältnis $t_a/t_1 = 1$ sich die Verlängerung
der Positionierzeit von 6 Prozent sehr schnell bei $t_a/t_1 = 4$
auf 0,6 Prozent verringert hat. Eine weitere Erhöhung des
Verhältnisses t_a/t_1 bringt nur noch eine minimale Verringerung der Positionierzeit t_{p2} im Verhältnis zu t_{p1}. Es ergibt
sich also für $t_a/t_1 = 4$ ein relatives Optimum. Dem entspricht
ein Anfahr- bzw. Bremsweg von $x_{sa} = x_{sb} = 0,4\,x_s$.

Für den erwähnten Sonderfall bedeutet dies, daß entsprechend <u>Bild 5.11b</u> positioniert wird, wobei sich die Zeitab-
schnitte wie $t_a : t_1 : t_b = 4 : 1 : 4$ und die Wegabschnitte
wie $x_{sa} : x_{s1} : x_{sb} = 2/5 : 1/5 : 2/5$ verhalten. Es wird

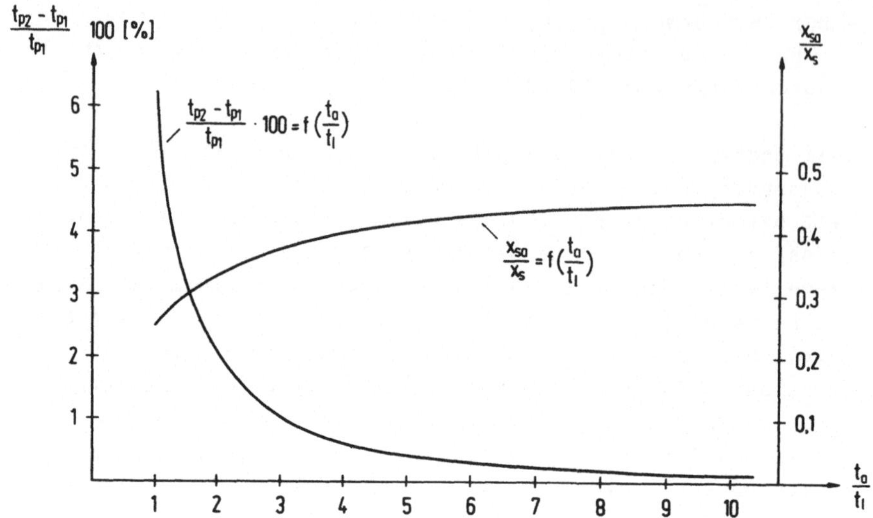

Bild 5.12: Verlauf des Zuwachses der Positionierzeit in Prozent bezogen auf die Positionierzeit t_{p1} und des normierten Anfahrweges x_{sa}/x_s in Abhängigkeit von t_a/t_l

also während des Positioniervorganges entsprechend Gl. 5.16b bis zur Position $x_{sa} = 0,4\, x_s$ beschleunigt und der zugehörige k-Wert gleich k_1 gesetzt. Der Zuwachs $\Delta x_s (k_1)$ der Parabel entspricht dann der maximal möglichen Geschwindigkeit v_s. Mit v_s kann nun k_2, Δx_s und die Lageführungsgröße nach bekanntem Algorithmus berechnet werden (Gl. 5.17, Gl. 5.18, Gl. 5.16b, Gl. 5.19 und Gl. 5.20).

5.2.1.3 Algorithmus zur Lageführungsgrößenerzeugung im Mikrorechner

Die Berechnung der Lageführungsgröße während des Positioniervorgangs nach dem oben entwickelten Algorithmus ist aufgrund des Rechenzeitbedarfs innerhalb einer Abtastperiode nicht möglich. Es besteht deshalb die Notwendigkeit, den Algorithmus in zwei Stufen abzuarbeiten:

- In der ersten Stufe, der sogenannten Interpolationsvorbereitung, werden vor Beginn des eigentlichen Positioniervorgangs ausgehend von x_s und v_s die Werte x_{sa}, k_1, k_2 und Δx_s berechnet. Die Parameter a, x_{samax}, v_{smax}, k_{1max} und T sind feste Maschinenparameter, die für den jeweiligen Anwendungsfall einmal eingegeben werden. In <u>Bild 5.13</u> ist die Interpolationsvorbereitung einschließlich Fallunterscheidungen in einem Flußdiagramm dargestellt. Es sei

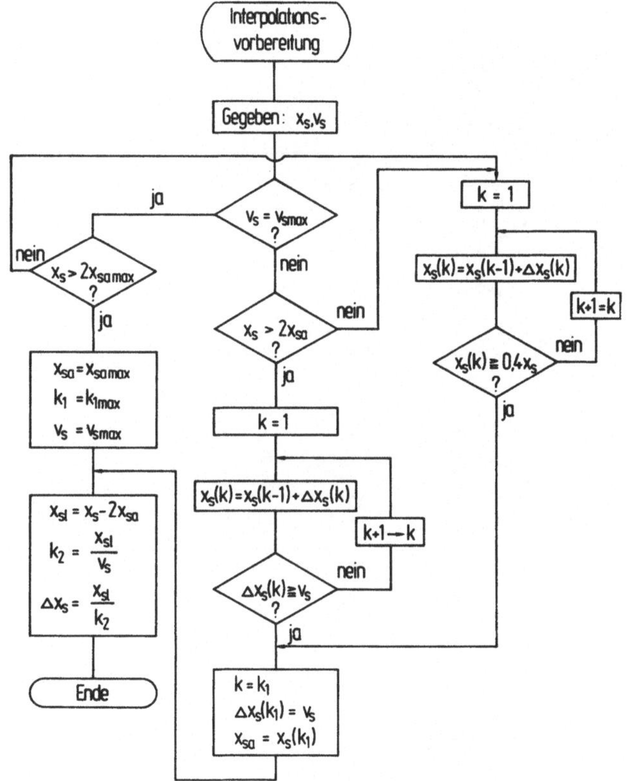

<u>Bild 5.13</u>: Flußdiagramm für die Interpolationsvorbereitung

angemerkt, daß das Interpolationsvorbereitungsprogramm nicht zeitsynchron zu den Abtastzeitpunkten abläuft, sondern so schnell wie möglich abgearbeitet wird.

- In der zweiten Stufe wird, basierend auf den Ergebnissen der Interpolationsvorbereitung, der eigentliche Positioniervorgang gestartet und ausgeführt. Der synchron zu den Abtastzeitpunkten ablaufende Positionieralgorithmus ist als Flußdiagramm in <u>Bild 5.14</u> dargestellt. Während des Positioniervorgangs beschränkt sich die Rechenleistung des Prozessors auf die Abarbeitung der rekursiven Gleichungen (Additionen) und die Abfrage der aktuellen k-Werte.

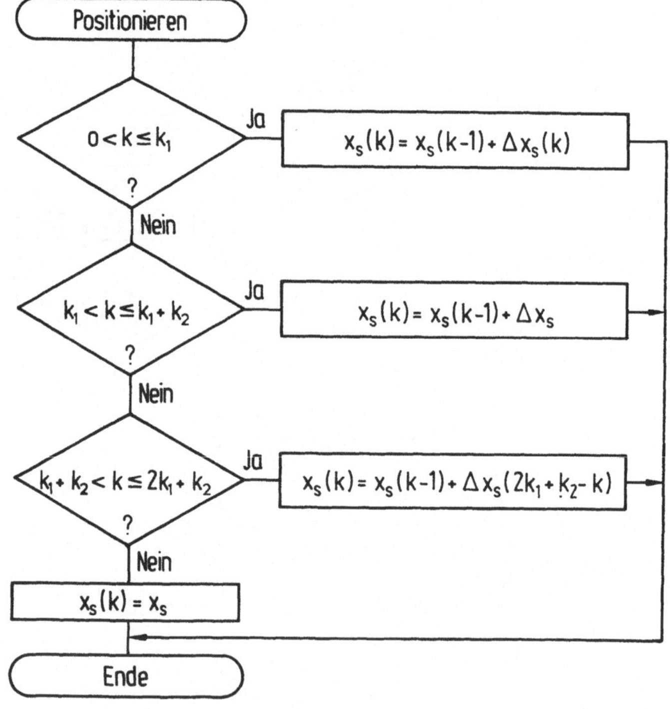

<u>Bild 5.14</u>: Flußdiagramm für den Positionieralgorithmus

Zusammenfassend sind folgende Eigenschaften der rekursiven Lageführungsgrößenerzeugung aus der Weg-Zeit-Funktion (rekursive Funktionsberechnung) festzuhalten:

- Durch die Linearinterpolation wird die Anfahr- bzw. Bremsparabel so eingepaßt, daß die berechnete Lageführungsgröße zum Zeitpunkt t_p mit der vorgegebenen Zielposition exakt übereinstimmt. Die zusätzliche Ausgabe eines Restweges während der Bremsphase (Restwegkompensation) oder gar am Ende des Positioniervorgangs entfällt.

- Als Nachteil ist dabei die zweistufige Abarbeitung des Algorithmus zu sehen. So ist bei Vorgabe von zwei aufeinanderfolgenden Positionen, die unmittelbar nacheinander anzufahren sind, nach Erreichen der ersten Position eine Verweilzeit erforderlich, um die Interpolationsvorbereitung für die nächste Position durchzuführen. Diese Verweilzeit beträgt in Abhängigkeit von den Parametern a, x_{samax}, v_{smax}, k_{1max}, T und der programmierten Position und Geschwindigkeit 12ms...100ms (vgl. Abschnitt 5.2.3).

- Das Verfahren ist für die Vorgabe einer nicht sprungförmigen, zeitlinearen Führungsbeschleunigung aufgrund des hohen Rechenzeitbedarfs nicht geeignet (vgl. Abschnitt 5.2.2.3).

5.2.2 Rekursive Berechnung der Lageführungsgröße nach dem Integrationsverfahren

Aus einem vorgegebenen Beschleunigungsverlauf a(t) ergibt sich die Geschwindigkeit $v_s(t)$ durch einmalige Integration, der Weg $x_s(t)$ durch zweimalige Integration der Beschleunigung. Mit den Anfangsbedingungen $v_s(0) = 0$, $x_s(0) = 0$ erhält man:

$$v_s(t) = \int_0^t a(t') \, dt' \qquad\qquad (5.21a)$$

$$x_s(t) = \int_0^t v_s(t') \, dt' \qquad (5.22a)$$

Geht man vom zeitkontinuierlichen Bereich in den zeitdiskreten Bereich über (t = kT) und ersetzt die exakte Integration durch die numerische Integration, geometrisch gedeutet als Summation endlicher, approximierter Flächen, so wird aus den Gl. 5.21a und Gl. 5.22a:

$$v_s(k) = \sum_{i=0}^{k} a_i \, T \qquad (5.21b)$$

$$x_s(k) = \sum_{i=0}^{k} v_i \, T \qquad (5.22b)$$

oder in rekursiver Schreibweise:

$$v_s(k) = v_s(k-1) + a(k) \, T \qquad (5.21c)$$

$$x_s(k) = x_s(k-1) + v_s'(k) \, T \qquad (5.22c)$$

Welche Funktionswerte für $v_s'(k)$ bei der numerischen Integration eingesetzt werden, soll mit Hilfe von Fallunterscheidungen untersucht werden. Zur exakten Berechnung des Wertes $x_s(k)$ mit Hilfe einer zeitkontinuierlichen Funktion $v_s(t)$ muß zum bekannten Altwert $x_s(k-1)$ der Wegzuwachs

$$\Delta x_s = \int_{(k-1)T}^{kT} v_s(t) \, dt$$

addiert werden. Aufgrund der zeitdiskreten Verarbeitung im Mikrorechner ist jedoch der Verlauf $v_s(t)$ nicht exakt bekannt, sondern innerhalb des Intervalls nur die Werte $v_s(k)$ und $v_s(k-1)$. Ausgehend von diesen Werten gibt es entsprechend __Bild 5.15__ drei Möglichkeiten, die zur Summation be-

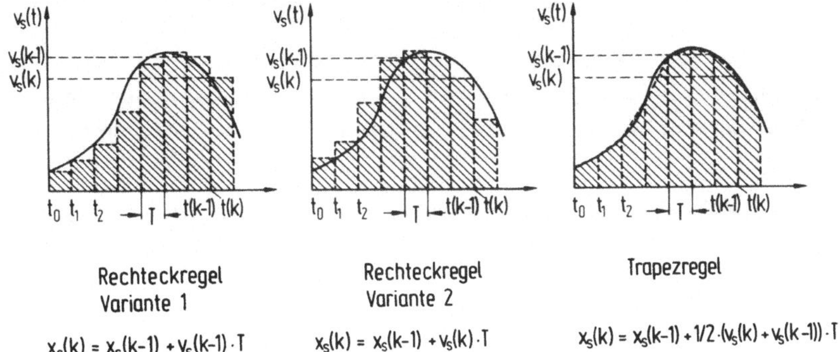

$$x_s(k) = x_s(k-1) + v_s(k-1) \cdot T$$

$$x_s(k) = x_s(k-1) + v_s(k) \cdot T$$

$$x_s(k) = x_s(k-1) + 1/2 \cdot (v_s(k) + v_s(k-1)) \cdot T$$

Bild 5.15: Verschiedene Verfahren zur numerischen Integration

nötigte Fläche $v_s'(k)$ T zu bilden:

1) $v_s'(k) = v_s(k-1)$ (Rechteckregel, 1. Variante)

Hierbei ergeben sich bei $dv_s/dt > 0$ zu kleine Flächen, bei $dv_s/dt < 0$ zu große Flächen.

2) $v_s'(k) = v_s(k)$ (Rechteckregel, 2. Variante)

Es ergeben sich bei $dv_s/dt > 0$ zu große Werte für die Fläche, bei $dv_s/dt < 0$ zu kleine. Der Fehler entspricht betragsmäßig Fall 1) mit umgekehrtem Vorzeichen.

3) $v_s'(k) = 1/2 (v_s(k-1) + v_s(k))$ (Trapezregel)

Als Wegzuwachs wird die Trapezfläche $1/2(v_s(k-1) + v_s(k))$ verwendet. Der hierbei entstehende Fehler ist etwa proportional $\ddot{v}_s$ (graphische Differentiation).

Außer vom Integrationsverfahren hängt die Genauigkeit der

Approximation von der Schrittweite T ab. Je kleiner das Abtastintervall, umso kleiner wird der Fehler.

Wendet man bei konstanter Führungsbeschleunigung zur Berechnung der Lageführungsgröße $x_s(k)$ die Trapezregel an, so erhält man für $x_s(k)$ Werte, die genau auf der Anfahrparabel

$$x_s(kT) = \frac{1}{2} a \, (kT)^2 \qquad (5.12b)$$

liegen, da mit Gl. 5.21b

$$\frac{1}{2} T \, (v_s(k) + v_s(k-1)) = \frac{1}{2} a \, T^2 (2k - 1)$$

ist. Dies entspricht nach Gl. 5.14 dem Parabelzuwachs $\Delta x_s(k)$ zu diskreten Zeitpunkten kT. Wendet man jedoch die Rechteckregel nach Gl. 5.22c an (1. Variante), so resultiert daraus folgender Wegfehler $e(k)$ nach k Abtastintervallen bezogen auf den Beschleunigungs- bzw. Bremsbeginn:

$$e(k) = kT(v_s(k-1) - \frac{1}{2} v_s(k) - \frac{1}{2} v_s(k-1)) = - \frac{1}{2} kT(v_s(k) - v_s(k-1))$$

$$e(k) = - \frac{1}{2} a \, k \, T^2 \qquad (5.23a)$$

bzw. für den relativen Fehler:

$$\frac{e(k)}{x_s(k)} = \frac{1}{k} \qquad (5.23b)$$

Bei Anwendung der Rechteckregel nach Variante 2) ist der Wert von $e(k)$ positiv.

<u>Beispiel:</u>

Mit $a = 1m/s^2$, $v_s = 1m/s$ und $T = 5ms$ benötigt man für die Beschleunigungsphase $k = 200$ Abtastschritte. Das ergibt am Ende der Beschleunigungphase eine Wegabweichung gegenüber der exakten Parabel von $e(200) = -2,5$ mm bzw. ein relativer Fehler von

$$\frac{e(200)}{x_s(k)} = 0,5\%$$

Es sei erwähnt, daß der bei der Anwendung der Rechteckregel entstehende Fehler sich während eines kompletten Positioniervorgangs nicht als tatsächlicher Positionierfehler auswirkt, sondern lediglich die Abweichung des vom Mikrorechner erzeugten Lageführungsgrößenverlaufs zum theoretisch gewünschten Verlauf darstellt. Mit anderen Worten, die Führungsgeschwindigkeit v_s weicht während der Beschleunigungs- und Bremsphase um $\pm(0,5 \cdot a \cdot T)$ vom theoretischen Geschwindigkeitsverlauf ab.

5.2.2.1 <u>Integrationsalgorithmus zur Lageführungsgrößenerzeugung im Mikrorechner</u>

Die Lageführungsgröße $x_s(k)$ soll durch zweimalige Integration der konstanten Führungsbeschleunigung a nach der Trapezregel berechnet werden, da die so gewonnenen Werte für $x_s(k)$ exakt auf der Parabel liegen und der arithmetische Mehraufwand gegenüber der Rechteckregel gering ist (zusätzlicher Additions- und Shiftbefehl). Die rekursiven Gleichungen für die einzelnen Positionierphasen lassen sich aus Gl. 5.21c und 5.22c wie folgt ableiten:

<u>Anfahren</u>: $0 < v_s'(k) \leq v_s$

$$v_s(k) = v_s(k-1) + a\,T \qquad\qquad (5.24a)$$

$$x_s(k) = x_s(k-1) + v_s'(k) \, T \qquad\qquad (5.25a)$$

$$\text{mit} \quad v_s'(k) = \frac{1}{2}(v_s(k) + v_s(k-1))$$

<u>Fahren mit v_s = konst</u>: $x_{sa} < x_s(k) \leq x_s - x_{sa}$

$$v_s(k) = v_s \qquad\qquad (5.24b)$$

$$x_s(k) = x_s(k-1) + v_s \, T \qquad\qquad (5.25b)$$

<u>Bremsen</u>: $x_{sa} + x_{sl} < x_s(k) \leq x_s$

$$v_s(k) = v_s(k-1) - a \, T \qquad\qquad (5.24c)$$

$$x_s(k) = x_s(k-1) + v_s'(k) \, T \qquad\qquad (5.25c)$$

Durch geeignete Wahl der Einheiten von a in Ink/T^2 und v_s in Ink/T entfällt die Multiplikation mit T im Mikrorechner und der Algorithmus beschränkt sich auf Additionen und Subtraktionen.

Beim Positionieren werden während der Beschleunigungsphase die Werte $v_s(k)$, $v_s'(k)$ und $x_s(k)$ entsprechend Gl. 5.24a und Gl. 5.25a berechnet bis $v_s'(k)$ gleich oder größer der programmierten Geschwindigkeit v_s ist. Der bis zu diesem Zeitpunkt $k = k_1$ aufsummierte Weg $x_s(k_1)$ entspricht dem Anfahrweg x_{sa} (<u>Bild 5.16</u>). Es wird mit der konstanten Geschwindigkeit v_s so lange weiter positioniert (Gl. 5.24b, Gl. 5.25b), bis der Punkt $x_s(k_1 + k_2) = x_s - x_{sa}$, an dem der Bremsvorgang exakt beginnen sollte, erreicht bzw. überschritten ist. Hängt man nun die Bremsparabel unmittelbar an (Gl. 5.24c, Gl. 5.25c), so erreicht man am Ende des Positioniervorgangs einen zu großen Wert für die Lageführungsgröße (<u>Bild 5.16</u>). Die berechnete Position kann maximal um den Fehler $s = v_s \, T$ über der Zielposition x_s liegen.

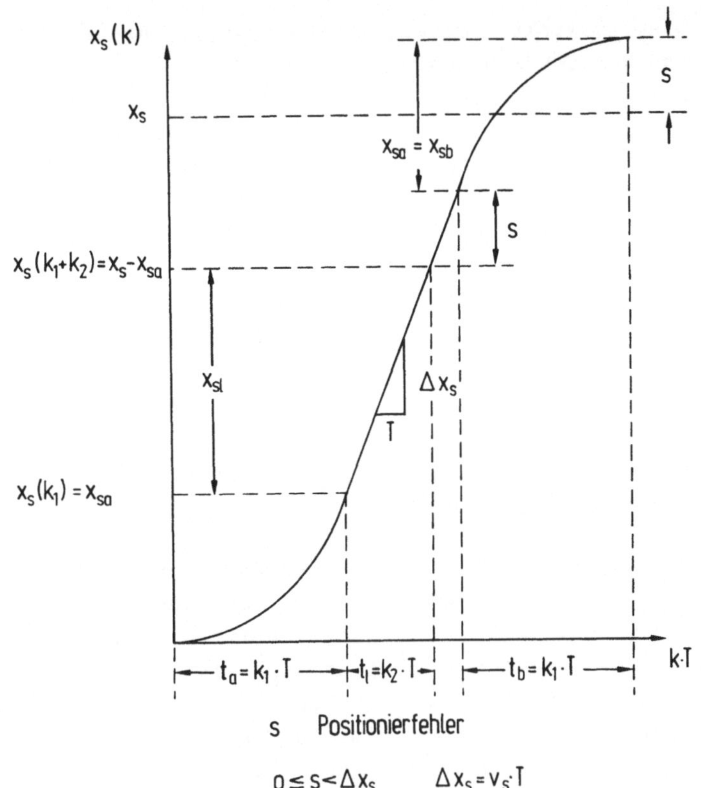

Bild 5.16: Positionierfehler durch verspäteten Bremsbeginn

Beginnt der Bremsvorgang einen Abtastschritt früher als vor dem exakten Sollbremsbeginn $x_s(k_1+k_2)$, so liegt die berechnete Lageführungsgröße unterhalb von x_s. Zur Korrektur bzw. Vermeidung dieses Positionierfehlers sind mehrere Möglichkeiten denkbar:

- Sprungförmige Korrektur der berechneten Lageführungsgröße auf den Zielwert x_s am Ende des Positioniervorgangs. Mit $v_s = 1m/s$ und $T = 10ms$ beträgt z.B. dieser Wegsprung im ungünstigsten Fall 10mm, der sich als kräftiger Ruck auf

das System auswirkt (Schwingungsanregung). Diese Möglichkeit scheidet deshalb aus.

- Der Fehlerweg s wird über eine Wegrampe am Ende des Positioniervorgangs korrigiert. Dies erfordert jedoch zusätzlichen Rechenaufwand und eine Verlängerung der Positionierzeit.

- Der lineare Verfahrweg wird mit Hilfe einer Linearinterpolation wie in Abschnitt 5.2.1.2 exakt eingepaßt. Nachteilig ist dabei der hohe Rechenaufwand, der innerhalb
eines Abtastintervalls nicht bewältigt werden kann.

- Eine elegante Methode, ohne die oben erwähnten Nachteile,
ist das "Anpassen" der Lageführungsgröße an die Zielposition durch Einfügen von Korrekturschritten während der
Bremsphase. Das Prinzip dieser Korrekturmethode wird
anhand von <u>Bild 5.17</u> erklärt.

Während des Anfahrens wird auf die Geschwindigkeit v_s beschleunigt, anschließend mit $v_s = \Delta x_s / T$ so lange gefahren,
bis die Position $x_s - x_{sa} - \Delta x_s$ überschritten ist. Die zu
diesem Zeitpunkt erreichte Position x_{sBI} ist die Istposition für den Bremsbeginn. Der Abstand zum Sollbremsbeginn
ist der Fehler $s = x_{sBS} - x_{sBI}$ (mit $0 \leq s < \Delta x_s$). Ab der
Position x_{sBI} wird nun entsprechend der Bremsparabel ge-
bremst. Zu jedem Abtastzeitpunkt ist zu prüfen, ob der im
vorhergehenden Zeitpunkt verwendete Wegzuwachs $\Delta x_s (k-1)$
kleiner oder gleich dem Fehler s ist. Ist dies der Fall,
so wird im aktuellen Abtastzeitpunkt dieser Wegzuwachs noch
einmal ausgegeben. Es wird mit derselben Geschwindigkeit
wie zum vorhergehenden Abtastzeitpunkt weitergefahren. Dadurch verringert sich der bisherige Fehler entweder zu
Null oder zu $s_{neu} = s - \Delta x_s (k-1)$. Ab dem nächsten Zeitpunkt
wird dann entsprechend der Bremsparabel positioniert, bis
ein $\Delta x_s \leq s_{neu}$ erreicht wird, um wieder einen Korrektur-
schritt einzufügen. Die Bremsparabel wird dadurch ge-
streckt, indem man zum passenden Abtastzeitpunkt die Brems-
verzögerung für die Dauer eines Abtastintervalls "ausschal-
tet".

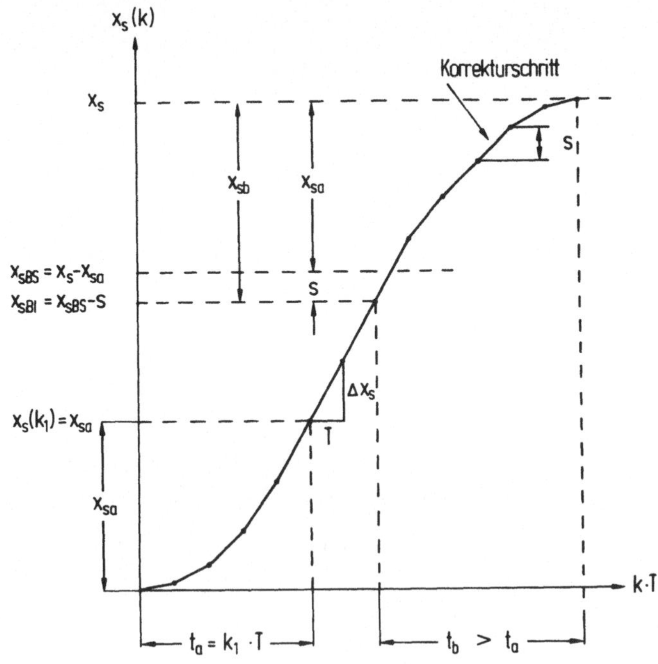

x_{SBS} Sollposition für Bremsbeginn
x_{SBI} Istposition für Bremsbeginn

Bild 5.17: Lageführungsgröße mit Korrekturschritten in der Bremsphase

Die Führungsgrößenerzeugung nach dem Integrationsverfahren benötigt vor Fahrbeginn keinerlei Vorausberechnungen (Interpolationsvorbereitung) und kommt ohne Multiplikationen und Divisionen aus. Nach der Decodierung des Fahrbefehls kann sofort mit dem Positioniervorgang begonnen werden. Die Flußdiagramme der Algorithmen zur Führungsgrößenerzeugung nach dem Integrationsverfahren sind in **Bild 5.18** für die einzelnen Positionierphasen dargestellt. Diese Algorithmen werden

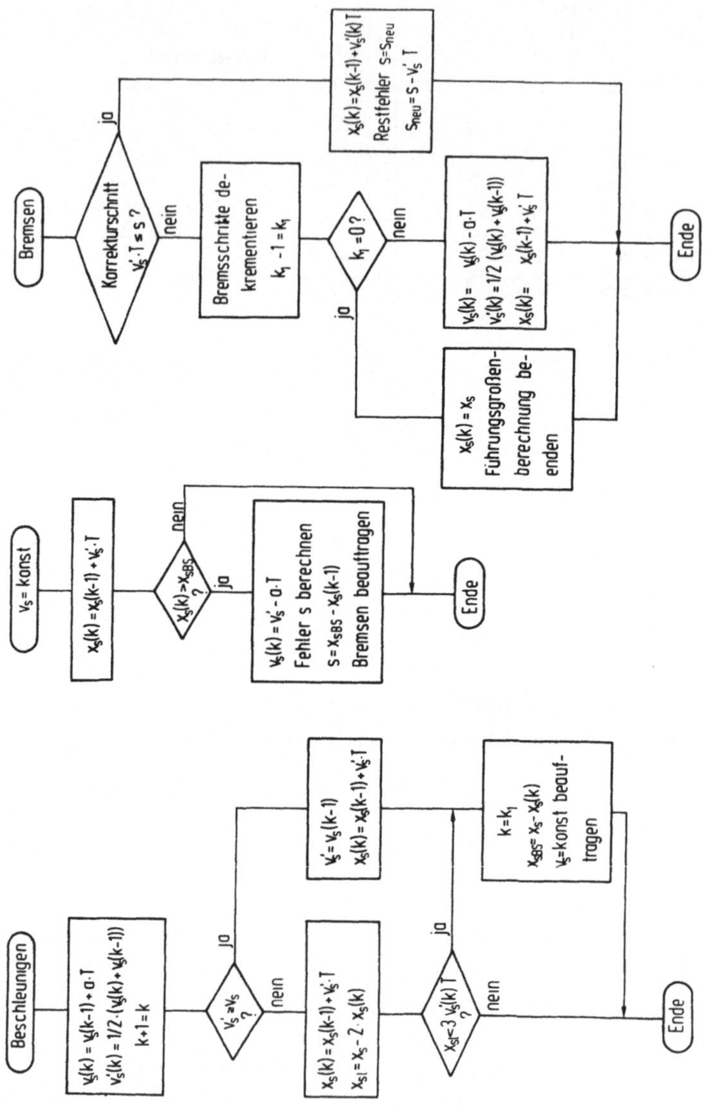

Bild 5.18: Flußdiagramm für die Algorithmen zur Führungs-größenerzeugung während des Positionierens

synchron zu den Abtastzeitpunkten während des Positionierens
vom Mikrorechner abgearbeitet.

Bei der Vorgabe von kurzen Verfahrwegen ist es nicht möglich, auf die programmierte Geschwindigkeit v_s zu beschleunigen. Deshalb wird während der Beschleunigungsphase ge-
prüft, ob genügend Restweg für die Bremsphase und für eine
kurze Wegstrecke mit konstanter Geschwindigkeit vorhanden
ist ($x_{s1} < 3\, v_s{}'T$). Erforderlichenfalls wird der Beschleuni-
gungsvorgang rechtzeitig beendet und mit der bis dahin er-
reichten Geschwindigkeit $v < v_s$ weiter positioniert.

5.2.2.2 Lageführungsgrößenberechnung bei trapezförmigem Verlauf der Führungsbeschleunigung

Für flurgebundene Regalförderzeuge, die in Hochregallagern
eingesetzt werden und schwere Lasten in großer Höhe fördern, kann es erforderlich sein, daß die Beschleunigung
nicht sprungförmig einsetzt und abfällt, sondern einen trapezförmigen Verlauf hat. Die damit verbundene Beschränkung
der dritten Ableitung der Lageführungsgröße vermindert die
Schwingneigung, hervorgerufen durch die ungünstigen kinetischen Verhältnisse des Regalförderzeugs während des Positioniervorganges.

Bei einer trapezförmigen Führungsbeschleunigung ergeben
sich die in Bild 5.19 skizzierten Verläufe während der
Beschleunigungsphase. Für die Bremsphase gelten die entsprechenden Kurven mit negativem $a(t)$. Die Geschwindigkeit $v_s(t)$ beginnt mit waagrechter Tangente und steigt pa-
rabelförmig an, die Lageführungsgröße $x_s(t)$ folgt einer
Parabel dritter Ordnung. Damit verbunden ist ein sehr weiches und ruckfreies Anfahren und Bremsen des Regalförderzeugs.

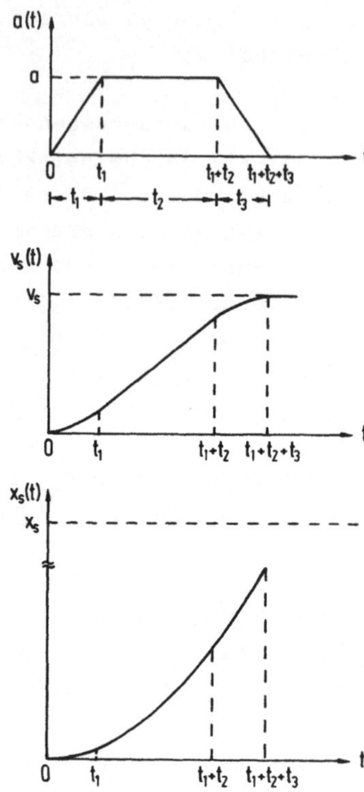

Bild 5.19: Beschleunigungsphase bei trapezförmigem a(t)-Verlauf

Es werden zwei Möglichkeiten zur Realisierung des trapezförmigen Beschleunigungsverlaufs a(t) betrachtet:

Die Trapezfunktion a(t) wird durch das Initialisierungspro-
gramm oder durch den Bediener komplett vorgegeben. Eine
solche Bedienereingabe kann beispielsweise folgende Parameter umfassen (**Bild 5.20**):
- Den Zuwachs Δa der Beschleunigung pro Zeitintervall.
- Die Anzahl n_1 der Abtastschritte für die Beschleuni-

gungsrampe oder die maximale Beschleunigung a.

- Die Anzahl n_2 der Abtastschritte für a = konst.

Damit ist a(t) eindeutig definiert. Gleichzeitig ist jedoch auch die Geschwindigkeit v_s festgelegt. Sie ergibt sich aus dem Flächeninhalt des Beschleunigungstrapezes.

Bei Verwendung eines entsprechenden Umrechnungsprogramms kann die Trapezfunktion komfortabler durch folgende Kennwerte vorgegeben werden:

- Zeitdauer t_1 der Beschleunigungsrampe.
- Endbeschleunigung a.
- Gewünschte Geschwindigkeit v_s.

Das Umrechnungsprogramm errechnet dann hieraus die intern erforderlichen Größen Δa, n_1 und n_2. Damit ist das Trapez wiederum vollständig definiert. Für die Generierung der Lageführungsgröße während der Fahrt ergibt sich dabei ein einfacher Algorithmus. Der aktuelle Beschleunigungswert a(k) kann nach folgenden Gleichungen berechnet werden:

$$a(k) = a(k-1) + \Delta a \tag{5.26a}$$

$$\text{für } 0 < k \leq n_1$$

$$a(k) = a \tag{5.26b}$$

$$\text{für } n_1 < k \leq n_1 + n_2$$

$$a(k) = a(k-1) - \Delta a \tag{5.26c}$$

$$\text{für } n_1 + n_2 < k \leq 2n_1 + n_2$$

Die sonstigen Algorithmen, wie die Integration zur Ermittlung von $v_s(k)$ und $x_s(k)$, gelten genauso wie bei der Lageführungsgrößenerzeugung mit konstanter Beschleunigung. Beim Bremsen ist analog zum Beschleunigen ein negativer, trapezförmiger Verlauf der Beschleunigung zu bilden.

Nachteilig bei diesem Verfahren ist, daß bei jeder Neueingabe der Verfahrgeschwindigkeit eine Neuberechnung der Beschleunigungsschritte n_2 , bei kleinen Geschwindigkeiten eventuell eine Verkleinerung von n_1 notwendig ist.

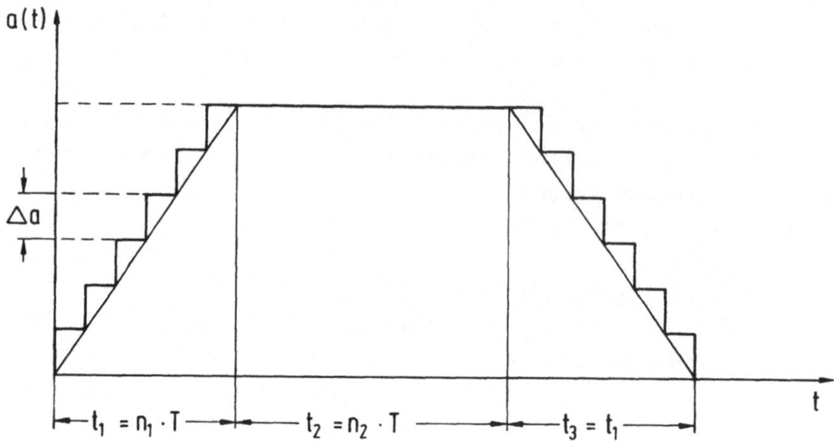

__Bild 5.20__: Trapezförmiger Verlauf der Beschleunigung a(t)

Die zweite Möglichkeit besteht darin, beim Initialisieren bzw. beim Parametrisieren nur die Beschleunigungsrampe vorauszuberechnen. Hierzu muß bekannt sein:
- Zeitdauer t_1 des Beschleunigungsanstiegs;
- Endbeschleunigung a.
Daraus berechnet das Vorbereitungsprogramm die Zahl n_1 der diskreten Abtastzeitpunkte und den Beschleunigungszuwachs Δa pro Abtastintervall. Es wird also nicht das gesamte Beschleunigungstrapez berechnet sondern nur die Anstiegs-flanke. Die Zeitdauer t_a ,während der beschleunigt wird, ergibt sich erst während des Positionierens aufgrund einer Geschwindigkeitsabfrage. Die Verfahrgeschwindigkeit v_s kann bei jedem Fahrbefehl neu vorgegeben werden, ohne daß umfang-reiche Vorausberechnungen durchgeführt werden müssen. Allerdings bedingt diese Methode relativ viele Abfragen im LFG-Programm, das insgesamt sieben Abschnitte der Lage-führungsgröße unterscheiden und zum richtigen Zeitpunkt

auf den jeweiligen Abschnitt umschalten muß. Besonders in der Beschleunigungsphase bedarf es etwa der dreifachen Rechenzeit gegenüber der Lageführungsgrößenberechnung mit konstanter Führungsbeschleunigung. Der Teilbereich "Fahren mit konstanter Geschwindigkeit" kann dagegen nach Abschnitt 5.2.2.1 übernommen werden. Es ist sinnvoll, während der Beschleunigungsphase die berechneten Parameter abzuspeichern, um die LFG-Berechnung für die Bremsphase zu vereinfachen.

Das zweite Verfahren ist komplizierter und rechenzeitintensiver, es bietet jedoch die Möglichkeit, die Geschwindigkeit ohne Vorausberechnung des Beschleunigungstrapezes beliebig vorgeben zu können.

5.2.3 Vergleich und Bewertung der Verfahren zur Lageführungsgrößenerzeugung

Die im Rahmen dieser Arbeit entwickelten Verfahren der rekursiven Funktionsberechnung und der numerischen Integration zur Lageführungsgrößenerzeugung sollen zusammenfassend gegenübergestellt werden.

Neben den verschiedenen Methoden zur Berechnung der Anfahr- bzw. Bremsparabel unterscheiden sich die beiden Verfahren vor allem im Algorithmus für das genaue Erreichen der Zielposition am Slopeende. So ist bei der rekursiven Funktionsberechnung vor Fahrbeginn eine sehr genaue Vorausberechnung des linearen Wegabschnitts notwendig, während bei der numerischen Integration die Lageführungsgröße erst während der Bremsphase an die Zielposition angepaßt wird. Die damit verbundene, deutliche Reduzierung der Rechenzeit für das Fahrvorbereitungsprogramm ist einer der wesentlichen Vorteile dieses Verfahrens. Es ermöglicht das Anfahren der nächsten Position ohne Verweilzeit nach Erreichen der vorgegebenen Zielposition (Rechenzeit zur Interpolationsvorbereitung). Bild 5.21 stellt die beiden Verfahren anhand der

Kriterien Rechenzeit und Speicherplatzbedarf gegenüber. Die
Werte basieren auf einem Assemblerprogramm des Mikroprozessors Z80 (Taktfrequenz 2,5 MHz) und gelten für die Lageführungsgrößenberechnung mit sprungförmiger Führungsbeschleunigung.

Die Rechenzeit für die rekursive Funktionsberechnung ist
zwar aufgrund des geringen Arithmetikaufwandes zur Slopebe-
rechnung während der Fahrt geringer, der erforderliche
Mehraufwand bei der numerischen Integration liegt jedoch
noch deutlich unter einer Millisekunde pro Achse.

Ist bei der rekursiven Funktionsberechnung die Führungsbeschleunigung a und die Verfahrgeschwindigkeit v_s frei vorgebbar, so müssen die Zuwachswerte Δx_s der Parabel berechnet und als Tabelle im RAM abgelegt werden. Bei einer Abtastzeit von T = 4ms, einer Beschleunigung von a = 0,2m/s^2
und einer Verfahrgeschwindigkeit von v_s = 1m/s ergeben sich

Verfahren / Kriterien / Programm	Rekursive Funktionsberechnung			Numerische Integration		
	Rechenzeit [µs]	Speicherbedarf [byte]		Rechenzeit [µs]	Speicherbedarf [byte]	
		EPROM	RAM		EPROM	RAM
Fahrvorbereitung	5700···110 000	840		216	140	
Lageregelung und LFG-Berechnung		790			1000	
- Beschleunigen	450		2650 (insgesamt)	612···665		140 (insgesamt)
- Fahren mit v_s=konst	534			513···611		
- Bremsen	458···574			590		
Lageregelung	312···348	514		344	540	

Bild 5.21: Vergleich der Verfahren zur LFG-Berechnung anhand
der Kriterien Rechenzeit- und Speicherbedarf

z.B. 1250 Beschleunigungsschritte (2500byte in der RAM-Ta-
belle). Daraus resultiert der hohe Rechenzeit- und Speicherbedarf für die Interpolationsvorbereitung bei diesem
Verfahren. Als weiterer Vorteil des Verfahrens der numerischen Integration ist die Möglichkeit zur freien Vorgabe
des zeitlichen Verlaufes der Führungsbeschleunigung zu sehen.

Abschließend kann festgestellt werden, daß das Verfahren
der numerischen Integration bei kurzen Rechenzeiten und
akzeptablem Speicherbedarf eine hohe Flexibilität in Bezug
auf die Vorgabe der Führungsbeschleunigung und -geschwindig-
keit gewährleistet. Da bei diesem Verfahren keine Multiplikationen und Divisionen notwendig sind, ist es besonders
für 8bit-Mikrorechner geeignet.

5.3 Regelalgorithmus

Die Verarbeitung geometrischer Steuerdaten beinhaltet neben
der Führungsgrößenerzeugung die exakte Lageeinstellung der
Bewegungseinheiten. Hierzu wird mit Hilfe einer Regeleinrichtung der Lage-Istwert x_i meßtechnisch erfaßt (Bild 5.22)

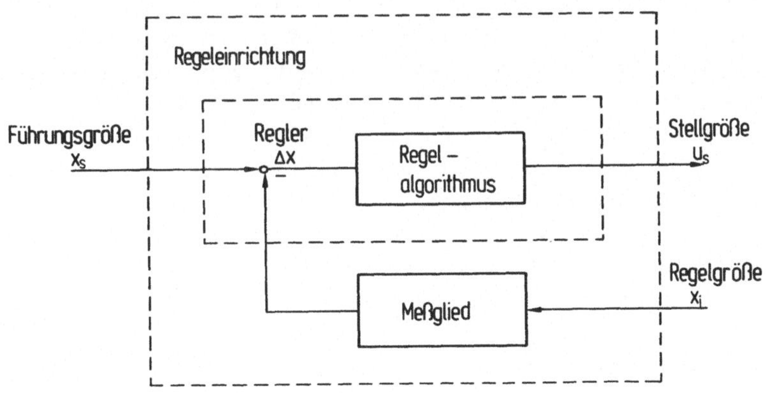

Bild 5.22: Regeleinrichtung

und mit dem Lage-Sollwert x_S (LFG) verglichen. Aus der Regeldifferenz Δx wird entsprechend dem Regelalgorithmus die Stellgröße u_S berechnet.
Nach Abschnitt 5.1.1 wird der Lageregler bei numerisch gesteuerten Bewegungseinheiten als Proportionalregler (P-Regler) ausgeführt. Den proportionalen Verstärkungsfaktor bezeichnet man als Geschwindigkeitsverstärkung K_V . Wird der Lageregler als digitaler, diskreter Regler betrachtet, so gilt für den Regelalgorithmus:

$$u_S(k) = K_V \, (x_S(k) - x_i(k)) = K_V \, \Delta x(k) \qquad (5.27)$$

Die Regelabweichung Δx wird für den stationären Fall auch als Schleppabstand bezeichnet. Der im Mikrorechner zu implementierende Regelalgorithmus beschränkt sich entsprechend Gl. 5.27 auf die Bildung der Regelabweichung Δx multipliziert mit der Geschwindigkeitsverstärkung K_V sowie der Aufbereitung der Lageführungsgröße für den Zeitpunkt $(k+1)T$ (<u>Bild 5.23</u>).

Nach Gl. 5.27 ist der Schleppabstand Δx im stationären Zustand (u_S = konst) direkt proportional der Geschwindigkeit u_S und kann daher in einfacher Weise zur Überwachung des Positioniervorgangs herangezogen werden. In Abhängigkeit von u_S läßt sich ein maximal zulässiger Schleppabstand $\Delta x_{max}(u_S)$ definieren. Überschreitet der Schleppabstand Δx den Grenzwert Δx_{max}, die Regelgröße x_i kann also nicht mehr dem Sollwert x_S folgen (z.B. Ausfall des Meßsystems oder des Antriebs), so wird der Positioniervorgang über gesteuertes Halten abgebrochen. Gesteuertes Halten bedeutet, daß die Geschwindigkeit u_S nicht sprungförmig Null gesetzt wird, sondern unter Berücksichtigung der maximalen Führungsbeschleunigung rampenförmig abnimmt.

Am Ende des Regelalgorithmus wird der berechnete Geschwindigkeitswert u_S auf die Wortbreite des Digital-Analogwandlers begrenzt und die Lageführungsgröße x_s (k+1) für den nächsten Zeitpunkt (k+1)T berechnet. Die Lageführungsgrößenberechnung ist nur während des Positioniervorgangs notwendig, da nach Erreichen der Sollposition nur noch der eigentliche Regelalgorithmus abgearbeitet werden muß.

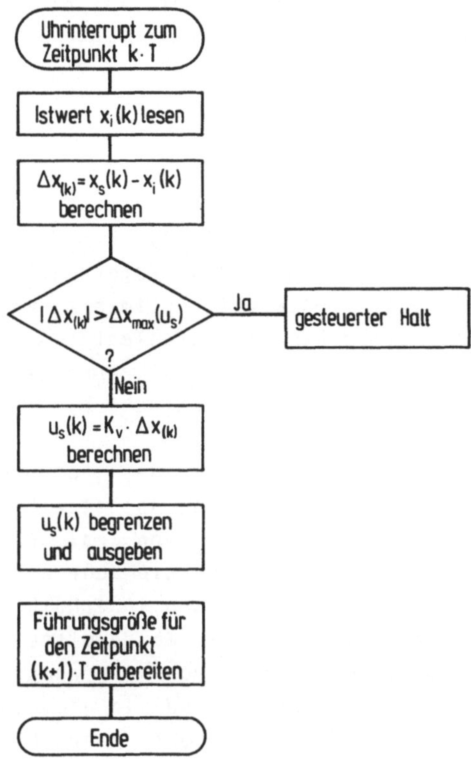

<u>Bild 5.23</u>: Flußdiagramm des Regelalgorithmus

5.4 <u>Mehrachsenregelung</u>

Unter Mehrachsenregelung wird in dieser Arbeit die quasi gleichzeitige Verarbeitung geometrischer Steuerdaten für mehrere Bewegungseinheiten (Achsen) durch einen zentralen

Mikrorechner verstanden. Quasi gleichzeitig bedeutet, daß,
bedingt durch die Arbeitsweise des Mikrorechners, die Abarbeitung des Algorithmus für jede Achse zwar sequentiell
erfolgt, die pro Abtastintervall anfallenden Berechnungen
aber innerhalb dieses Intervalls für alle Achsen abgeschlos-
sen sein müssen. Bezeichnet man die Anzahl der Achsen mit
n, die pro Abtastintervall für jede Achse maximal notwendige Rechenzeit mit T_R, so gilt:

$$n\ T_R < T \tag{5.28}$$

Da die Abtastzeit T von der Dynamik der Regelstrecke abhängt
und im Sinne einer guten Regelgüte damit vorgegeben ist,
kann die Anzahl n der Achsen bzw. Lageregelkreise nur durch
Minimisierung der Rechenzeit T_R optimiert werden. Das bedingt auf minimale Rechenzeit ausgelegte Algorithmen unter
Berücksichtigung der speziellen Mikroprozessoreigenschaften
(Interruptverarbeitung, Registerstruktur).

Geht man von einer guten Dynamik des Fördermittelantriebs-
systems aus, so ist eine minimale Abtastzeit von 5ms erforderlich. Bei einer Rechenzeit T_R von ca. 0,7ms pro Achse
(vgl. <u>Bild 5.21</u>) ist theoretisch die Führungsgrößenerzeugung
und Lageregelung für sieben Achsen innerhalb eines Abtastintervalls von 5ms möglich. Bei Fördermitteln in FFS ist
von einem maximalen Ausbaugrad von vier numerisch gesteuerten Achsen auszugehen. Damit sind in Verbindung mit den
Algorithmen in Abschnitt 5.2 auch Mehrachsregelungen bei
hohen dynamischen Anforderungen auf Basis eines 8bit-Mikro-
rechners ohne Einschränkung realisierbar.

Es ist im Sinne einer modularen Software zweckmäßig, Algorithmen zur Lageführungsgrößenberechnung und Lageregelung
unabhängig von der Zahl der Achsen nur einmal im Mikrorechner zu programmieren. Für die Parameterversorgung dieser
Algorithmen sind Techniken mit geringem Rechenzeitbedarf
anzuwenden (Registerumschaltung, indirekte Adressierung).

6 Interne Ablaufsteuerung

6.1 Aufgaben und Anforderungen

Die interne Ablaufsteuerung, auch Taskverwaltung genannt, hat die Aufgabe, die den Steuerungsfunktionen zugeordneten Tasks in ihrer zeitlichen Folge so zu beauftragen, daß die gewünschten Steuerungsfunktionen automatisch ausgeführt werden. Dabei müssen sowohl die zeitlichen Anforderungen vom Prozeß (Echtzeitverhalten) als auch die zur Verfügung stehenden Ressourcen des Mikrorechners berücksichtigt werden. Die Anforderungen an das Echtzeitverhalten werden bestimmt durch die Abtastzeit T der Lageregelkreise, die Zykluszeit T_z für die Verarbeitung der Schaltfunktionen und durch die Übertragungsrate der Rechnerkopplung. Um das Echtzeitverhalten zu gewährleisten, muß die Taskverwaltung aufgrund von Prioritäten diese Ressourcen den einzelnen Tasks zuweisen und bei Bedarf niederpriore Tasks zugunsten höherpriorer Tasks unterbrechen. Aufgrund des Einprozessorkonzepts ist darauf zu achten, daß die Taskverwaltung möglichst wenig Rechenzeit in Anspruch nimmt. Dies gilt vor allem bei der Prioritätsermittlung, Taskbeauftragung und Taskumschaltung.

6.2 Struktur der Ablaufsteuerung

Die Struktur der Echtzeit-Taskverwaltung in Bild 6.1 berücksichtigt die oben definierten Anforderungen. Die Priorität der Tasks nimmt mit steigender Tasknummer ab. Dementsprechend hat die Task 1 die höchste Priorität im System, gefolgt von Task 2, Task 3 usw.. Neben der Priorität der Tasks ist auch noch die Art der Taskbeauftragung zu unterscheiden. Interruptbeauftragte Tasks können jederzeit listenbeauftragte Tasks unterbrechen, jedoch nicht umgekehrt. Innerhalb der interruptbeauftragten Tasks kann die

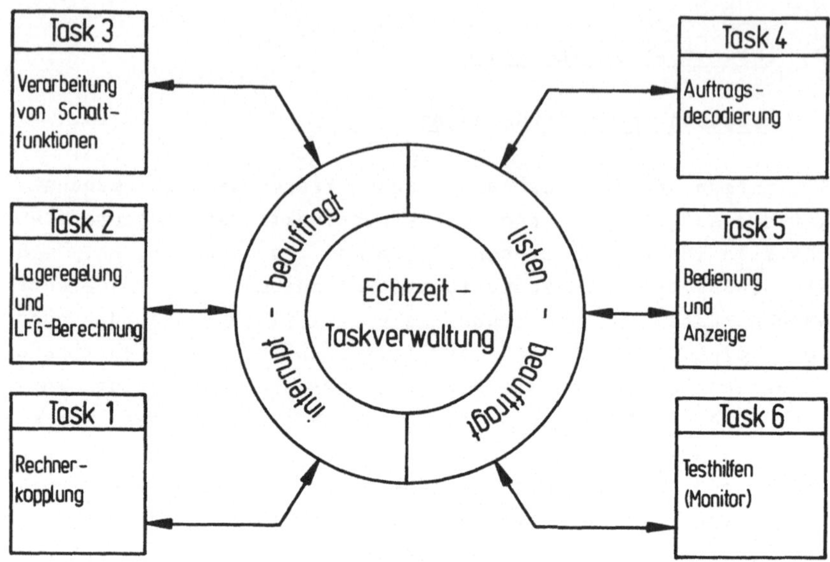

Bild 6.1: Echtzeit-Taskverwaltung

Task mit der niedrigeren Tasknummer andere Tasks unterbrechen.

Bei einer Übertragungsrate der Rechnerkopplung (Task 1)
von 9600baud wird pro Millisekunde ein Zeichen übertragen.
Die Task 1 hat die Aufgabe, nach Eintreffen des Interrupts
"Zeichen empfangen" das Zeichen zu lesen und im Puffer
abzulegen. Nach Empfang des Zeichens "Telegrammende" wird
die Task 4 (Auftragsdecodierung) beauftragt. Durch die
hohe Übertragungsrate ist es einerseits notwendig, die Rechnerkopplung mit der höchsten Priorität zu beauftragen,
andererseits werden durch die kurze Programmlaufzeit dieser
Task die Tasks mit den höheren Nummern nur kurzzeitig
unterbrochen.

Task 2 und Task 3 werden mittels Uhrinterrupt in einem festen Zeitraster beauftragt. Das Zeitraster für Task 2 liegt
in Abhängigkeit von der Antriebsdynamik des Fördermittels

zwischen 5ms und 20ms. Für die Zykluszeit T_z zur Bearbeitung der Schaltfunktionen (Task 3) ist ein Wertebereich zwischen 10ms und 20ms sinnvoll. Hier kann jedoch die Notwendigkeit bestehen, bestimmte Gebersignale, die nur kurzfristig aktiv sind (vgl. Abschnitt 4.3.1, Signal zur Umschaltung von Eilgang auf Schleichgang bei der Drehbewegung), abzufragen. In diesem Fall ist es zweckmäßig, die zyklische Abfrage dieser Signale aus der Task 3 in eine spezielle Task auszulagern, die in einem entsprechend kurzen Zeitraster beauftragt wird. Da hier nur wenige Signale abzufragen sind, ist die Unterbrechung der anderen Tasks vernachlässigbar. Die listenbeauftragten Tasks werden entsprechend der Reihenfolge in der Liste bearbeitet. Diese Listenbeauftragung läuft als Hintergrundprogramm.

Die scheinbar zeitliche Kollision zwischen der Verarbeitung geometrischer Steuerdaten (Task 2) und der Verarbeitung von Schaltfunktionen (Task 3), bedingt durch das Einprozessorkonzept, ist aufgrund folgender Überlegung nicht gegeben: Während des Positioniervorgangs des Fördermittels ist keine Steuerung der Aufnahme- und Absetzfunktionen notwendig, das heißt, die Abtastzeitintervalle stehen bis auf wenige Sicherheitsabfragen alleine der Task 2 zur Verfügung. Umgekehrt muß während des Aufnehmens und Absetzens des Förderguts keine Lageführungsgrößenberechnung durchgeführt werden. Der Rechenzeitbedarf von ca. 350µs (vgl. <u>Bild 5.21</u>) der Task 2 für den Regelalgorithmus während des Aufnehmens und Absetzens des Förderguts ist bei einer Abtastzeit von 10ms für die Task 3 und von 5ms für die Task 2 vernachlässigbar. Nach dieser Überlegung könnten sogar beide Tasks im 5ms-Zeitraster, ohne Einschränkungen des Realzeitverhaltens, beauftragt werden.

Startet man die Zeitraster für die Task 2 und Task 3 nicht synchron, sondern versetzt sie zeitlich gegeneinander, so kann eine völlige, zeitliche Entkopplung zwischen Task 2 und Task 3 erreicht werden (<u>Bild 6.2</u>). Dabei wurde von ei-

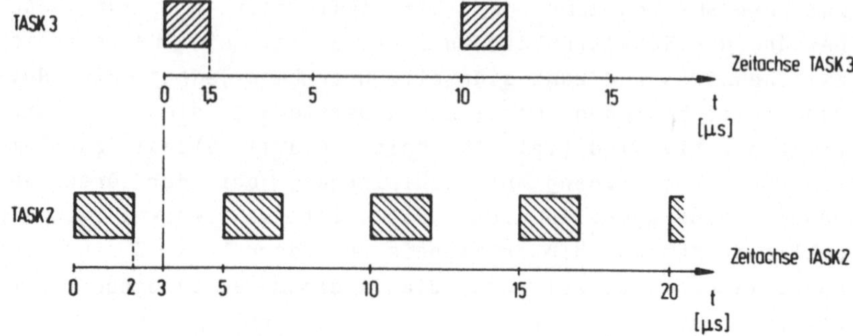

Bild 6.2: Zeitliche Entkopplung von Task 2 und Task 3

ner Abtastzeit von 5ms für die Task 2 und von 10ms für die Task 3 ausgegangen. Die Task 2 benötigt zur Lageregelung von fünf Achsen einschließlich Achsumschaltung eine Rechenzeit von 2ms (vgl. **Bild 5.21**). Gemäß **Bild 4.12** wurde für die Task 3 eine maximale Rechenzeit von 1,5ms veranschlagt. Wird der Start des Zeitrasters von Task 3 um 3ms gegenüber dem der Task 2 verzögert, so sind die beiden Tasks zeitlich entkoppelt und beeinflussen sich gegenseitig nicht. Für jede der Tasks steht die gesamte Prozessorleistung uneingeschränkt zur Verfügung. Aufgrund der kurzen Rechenzeit für die Task 3 könnte diese ohne Einschränkung des Realzeitverhaltens auch listenbeauftragt werden, indem am Ende des Steuerungsprogramms ein Rücksprung in die Auftragsliste erfolgt (vgl. **Bild 4.11**).

Zusammenfassend ist festzuhalten, daß das Einprozessorkonzept der numerischen Fördermittelsteuerung zu keinerlei Funktionseinschränkungen infolge begrenzter Prozessorleistung führt. Gleiches gilt für die Implementierbarkeit der entwickelten Steuerungs- und Regelungsalgorithmen auf einem 8bit-Mikrorechner. Es besteht auch bei hohen Anforderungen an die numerische Fördermittelsteuerung keine Notwendigkeit, diese auf der Basis eines 16bit-Mikrorechners zu realisieren. Die höheren Hardwarekosten dieser Realisierung (16bit-Rechner) können bei kleinen Stückzahlen durch die Anwendung höherer Programmiersprachen (Pascal oder C) bei der Softwareentwicklung teilweise kompensiert werden.

7 Einsatz der numerischen Fördermittelsteuerung in einer Pilotanlage

7.1 Aufgabenstellung

Im Rahmen des Sonderforschungsbereiches 155 "Fertigungstechnik" wurde an der Universität Stuttgart ein flexibles Fertigungssystem aufgebaut /20/. Es umfaßt vier Bearbeitungszentren für Fräs- und Bohrbearbeitung, die über ein Fördersystem werkstück- und werkzeugseitig verkettet sind. Das Fördern der Werkzeuge innerhalb des zentralen Werkzeugspeichers sowie von und zu den Pufferspeichern der Bearbeitungsstationen wird von einem schienengeführten Werkzeugfördermittel (WZFM) ausgeführt. Zur Steuerung des WZFM wird eine numerische Fördermittelsteuerung auf Basis des Mikroprozessors Z80 eingesetzt. Dabei sind folgende Randbedingungen zu beachten:

- Es ist von einer Gerätestruktur entsprechend <u>Bild 3.10</u> auszugehen.

- Da ein Kabelschlepp innerhalb des Werkzeugflußsystems aus konstruktiven Gründen ausscheidet, wird die numerische Fördermittelsteuerung ins Fördermittel integriert. Die Rechnerkopplung ist deshalb mit einer drahtlosen Infrarotübertragungsstrecke zu realisieren.

- Die Istposition des WZFM wird aufgrund des großen Verfahrbereichs mittels inkrementalem Winkelschrittgeber erfaßt.

- Eingangssignal für den drehzahlgeregelten Fahrantrieb ist $\pm 10V$.

- Für die Verarbeitung von Schaltfunktionen sind 64 binäre 24V-Eingänge und 16 binäre Ausgänge (24V/2,5A) zur Ansteuerung der hydraulischen Wegeventile vorzusehen.

An den Positioniervorgang werden folgende Anforderungen gestellt:
Verfahrgeschwindigkeit: $v_s = 1m/s$

Auflösung Meßsystem: $\quad$ Q = 50µm
Führungsbeschleunigung: $a = 1m/s^2$

Aus der Auswertung der gemessenen Sprungantwort des drehzahlgeregelten Antriebs erhält man folgende Kennwerte:

Kennkreisfrequenz ω_{0A} = 132 1/s
Dämpfung D_A = 0,4

7.2 <u>Auslegung und Hardwarestruktur der numerischen Förder-
mittelsteuerung</u>

Die Geschwindigkeitsverstärkung K_v, die Wortbreite W des Digital-Analogwandlers und die Abtastzeit T sollen aus den vorgegebenen und gemessenen Werten berechnet werden. Nach Gl. 5.4b erhält man für K_{vopt}:

$$K_{vopt} = 0,3\omega_{0A} = 39 \; 1/s$$

Nach Gl. 5.11 gilt für W:

$$W = ld \left(\frac{u_{smax}}{K_v \; Q}\right) + 1 = 9bit + Vorzeichen$$

Für die Abtastzeit T gilt nach Gl. 5.6:

$$\frac{0,4}{\omega_{0A}} \leq T \leq \frac{1}{\omega_{0A}}$$

$$3ms \leq T \leq 7ms$$

gewählt T = 5ms

Das Blockschaltbild der Mikrorechnerhardware für eine numerische Fördermittelsteuerung ist in <u>Bild 7.1</u> dargestellt.

Über die Prozeßschnittstelle für die Geometriefunktionen wird die Istposition des Fördermittels durch Auswerten der Phasenlage (Richtungserkennung) und Zählen der um 90 Grad phasenverschobenen Rechteckspannungen U_{a1} und U_{a2} erfaßt. Das Signal U_N wirkt als Nullimpuls und dient zum Abgleich des Lagemeßsystems bei der Referenzpunktfahrt. Ausgangsgröße der Geometrieverarbeitung ist der analoge Geschwindigkeits-Sollwert u_s. Zur Steuerung der Übergabe- und Übernahmefunktionen müssen die Geberstellungen über die 24V-Eingaben erfaßt und die Stellsignale über die 24V/2,5A-Ausgaben an die Wegeventile ausgegeben werden.

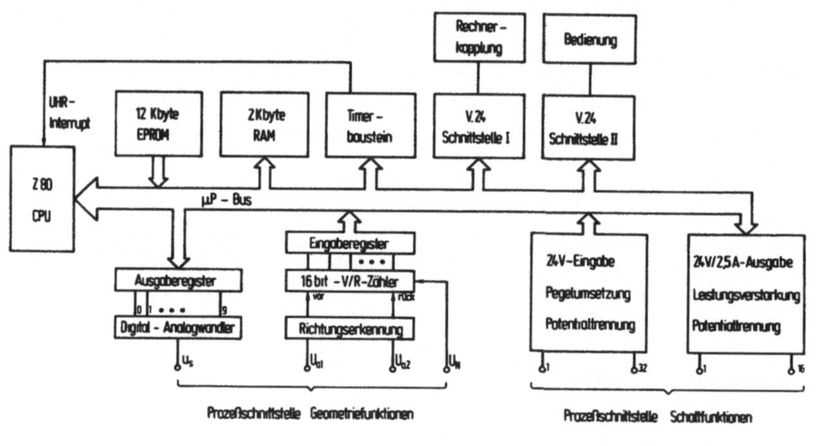

Bild 7.1: Blockschaltbild der Mikrorechnerhardware

Für die Rechnerkopplung mit der übergeordneten Steuerung und zur Bedienung sind die seriellen V.24 Schnittstellen vorgesehen. Der programmierbare Timerbaustein erzeugt das Abtastzeitraster für die Lageregelung und zur zyklischen Programmbeauftragung der Schaltfunktionen.

Die Mikrorechnerhardware der Fördermittelsteuerung nach
Bild 7.1 ist auf vier Doppeleuropakarten in einem entspre-
chend gekürzten Rahmen untergebracht, so daß die gesamte
Steuerung (Mikrorechner, Antriebsverstärker, Leistungsteil)
im Fördermittel installiert werden konnte (Bild 7.2). Zur
Energieversorgung ist das Werkzeugfördermittel über
Schleifkontakte mit einem dreiphasigen Drehstromnetz ver-
bunden, aus dem durch Transformation und Gleichrichtung
alle benötigten Versorgungsspannungen gewonnen werden. Die
Stromschienen sind zwischen Ober- und Unterseite der Doppel-
T-Träger berührungsgeschützt montiert (Bild 7.2).

Bild 7.2: Werkzeugfördermittel mit integrierter Steuerung

7.3 Drahtlose Datenübertragung

Eine Übertragung mittels Informationsschienen und Schleifkontakten, wie bei der elektrischen Energieversorgung, schied aus Gründen der Störsicherheit aus. Für die Realisierung der Rechnerkopplung und Bedienung wurde eine mehrkanalige Infrarotübertragungsstrecke aufgebaut.

Der Sender besteht aus vier parallel geschalteten Infrarotsendedioden, die mit der Kanalfrequenz f_{Ks} moduliert werden. Diese Modulation ist notwendig, um Fremdlicht zu eliminieren und dient als Kanalkennung, um verschiedene Übertragungskanäle f_{K1} bis f_{Ks} innerhalb der Pilotanlage unterscheiden zu können. Die Kanalfrequenz f_{Ks} wird mit der eigentlichen Kanalinformation f_{Is}, wobei $f_{Is} << f_{Ks}$, moduliert. Empfangsseitig wird der zweifach modulierte Infrarotlichtstrahl über eine Sammellinse gebündelt, in deren Brennpunkt sich eine infrarotempfindliche Fotodiode befindet. Die nachfolgende Filterschaltung selektiert die zugehörige Kanalfrequenz f_{Ks} und gewinnt durch Demodulation die Kanalinformation f_{Is}. Sende- und Empfangseinheit sind für jeweils eine Übertragungsstrecke gerätemäßig zusammengefaßt. In Bild 7.2 Mitte ist diese Infrarotübertragungseinheit zu sehen. Sie ist empfangs- und sendeseitig signal- und steckerkompatibel zur Schnittstellennorm RS 232 bzw. V.24. Die maximale Übertragungsrate beträgt 9600baud, die Übertragungslänge 20m.

7.4 Softwarestruktur

Die Softwarestruktur der realisierten, numerischen Fördermittelsteuerung entspricht der in Bild 6.1. Für die Berechnung der Lageführungsgröße wurde das Integrationsverfahren nach Abschnitt 5.2.2 zugrunde gelegt. Bild 7.3 zeigt beispielhaft einen geplotteten Verlauf der Lageführungs-

größe $x_s(k)$ und der Führungsgeschwindigkeit $v_s(k)$ mit zuge-
höriger Wertetabelle. Die Pfeile kennzeichnen einen Korrek-
turschritt während der Bremsphase.

Da die Steuerung mitfahrend im Fördermittel installiert
wurde, können herkömmliche Inbetriebnahme- und Testhilfen
(Emulator) nicht eingesetzt werden. Deshalb wurde ein Monitor entwickelt, der als zusätzlicher Rechenprozeß in die
Taskverwaltung eingebunden ist und ein sorgfältiges Austesten der Anwendersoftware mit gekoppeltem Prozeß erlaubt.

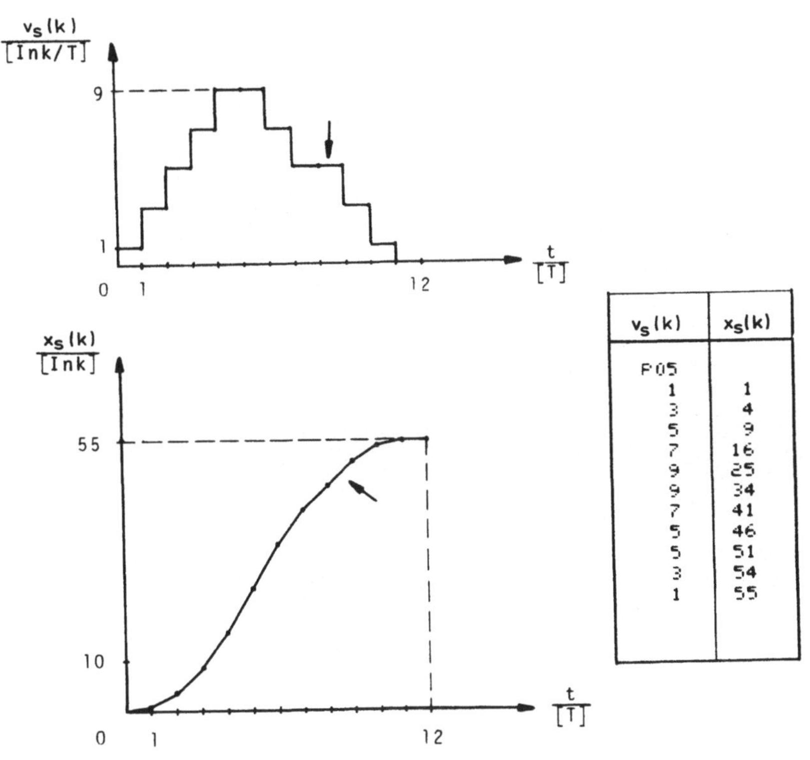

$v_s(k)$	$x_s(k)$
F05	
1	1
3	4
5	9
7	16
9	25
9	34
7	41
5	46
5	51
3	54
1	55

Bild 7.3: Geplotteter Verlauf der LFG und der Führungsgeschwindigkeit bei einem Positioniervorgang

Die Monitorfunktionen, wie Anzeigen und Ändern von Speicherzellen, Registern oder Ein-/Ausgabeports, Programmstopp und Programmeinzelschritt sind über die Infrarotübertragungsstrecke aufruf- und bedienbar.

8 <u>Zusammenfassung</u>

Ziel dieser Arbeit war es, ein Konzept für eine numerische Fördermittelsteuerung für den prozeßnahen Einsatz in flexiblen Fertigungssystemen zu entwickeln, das schwerpunktmäßig die Verarbeitung von Schaltfunktionen, von geometrischen Steuerdaten und die interne Ablaufsteuerung umfaßt.

Dazu werden, ausgehend von der Einordnung und von den Aufgaben der numerischen Fördermittelsteuerung in flexiblen Fertigungssystemen, die Anforderungen an eine solche Steuerung analysiert, systematisiert und entsprechende Steuerungsfunktionen geräteunabhängig festgelegt. Bei den weiteren Untersuchungspunkten "Strukturen" und "Schnittstellen" findet die Installationsart (stationär oder mitfahrend) der numerischen Fördermittelsteuerung Berücksichtigung.

Im Bereich der Schaltfunktionen wird gezeigt, wie man auf der Basis von Zustandsgraphen Steuerungsabläufe realisierungsunabhängig beschreiben kann. Als Ergebnis dieser Beschreibungsform erhält man eine klare, an den maschinenbaulichen Einheiten orientierte Strukturierung und Gliederung der Steuerungsaufgabe. Aus der Anwendung der Zustandsgraphen resultiert außerdem eine kurze Zykluszeit des Steuerungsprogramms für die Schaltfunktionen.

Bei der Verarbeitung von geometrischen Steuerdaten werden die wichtigsten Kenngrößen digitaler Abtastlageregelkreise zusammengestellt und Kriterien für ihre Auswertung und Dimensionierung angegeben. Zielsetzung ist minimaler Rechenzeitbedarf des Algorithmus, um kurze Abtastzeiten und die quasi-simultane Berechnung mehrerer Achsen in einem Mikrorechner realisieren zu können. Die im Rahmen dieser Arbeit dargestellten Verfahren zur Berechnung und Erzeugung der Lageführungsgrößen lassen sich aufgrund des geringen Rechenzeitbedarfs kostengünstig auf 8bit-Mikrorechner implementieren. Als weitere Randbedingungen gelten fördermittelspezifische Anforderungen, wie die Vorgabe zeitlinearer Beschleunigungsprofile.

Bei der Struktur der internen Ablaufsteuerung steht die parallele Verarbeitung von geometrischen Steuerdaten und Schaltfunktionen im Vordergrund. Es wird gezeigt, daß die zeitliche Entkopplung dieser Tasks ohne Einschränkungen auf der Basis eines Einprozessorkonzepts möglich ist.

Die für den Werkzeugfluß der Pilotanalage aufgebaute Fördermittelsteuerung beweist, daß bei sorgfältigem Softwareentwurf in Verbindung mit rechenzeitoptimierten Algorithmen eine wirtschaftliche Realisierung einer numerischen Fördermittelsteuerung auf einem 8bit-Mikrorechner möglich ist.

Schrifttum

/1/ Beisteiner, F.   Einheitliche Begriffe in
                         Fördertechnik und Transportwesen.
                         Fördern und Heben 27 (1977) Nr. 5,
                         S. 507...509.

/2/ Beisteiner, F.   Fördertechnik im Fertigungsbetrieb.
    Fischer, W.   VDI-Z. 119 (1977) Nr. 7, S. 379...383.

/3/ VDI-Richt-   Materialflußuntersuchungen.
    linie 3300   Ausgabe November 1959.

/4/ Rößner, W.   Materialflußgestaltung in Fertigungs-
                         systemen.
                         Berlin, Heidelberg, New York:
                         Springer-Verlag 1981.

/5/ Stute, G. u. a.   Flexible Fertigungssysteme.
                         wt-Z. ind. Fertig. 64 (1974) 3,
                         S. 147...156.

/6/ Storr, A.   Planung und Realisierung flexibler
                         Fertigungssysteme.
                         wt-Z. ind. Fertig. 69 (1979) 11,
                         S. 681..691.

/7/ Döttling, W.   Beitrag zur Steuerung und Überwachung
                         des Fertigungsablaufs in flexiblen
                         Fertigungssystemen. ISW 37.
                         Berlin, Heidelberg, New York:
                         Springer-Verlag 1981.

/8/ Wilhelm, R.   Auslegung und Organisation des Mate-
    Döttling, W.   rialflusses eines flexiblen Fertigungs-
                          systems.
                          wt-Z. ind. Fertig. 67 (1977) 1,
                          S. 25...29.

/9/ Lieberwirth, F.   Bearbeitungszentren als Bestandteil
                          flexibler Fertigungszellen.
                          tz für Metallbearbeitung
                          78 (1984) Nr. 2, S. 25...28.

/10/ Herold, H.-H.,   Die numerische Steuerung in der
     Maßberg, W.,   Fertigung.
     Stute, G.   VDI-Verlag, Düsseldorf 1971.

/11/ Goebel, H.,   Flexibles Fertigungssystem für die
     Werz, M.   Komplettbearbeitung unterschiedlicher
                          Werkstücke.
                          Werkstatt und Betrieb 114 (1981)
                          Nr. 4, S. 200...215.

/12/ Fuhrmann, H.   Der Fahrkurvenrechner, ein neuer Soll-
                          wertgeber für die Antriebstechnik.
                          AEG-Mitt. 57 (1967) 5, S. 262...264.

/13/ Dyroff, S.   Moderne Leitsollwertgeber für Förder-
                          maschinen.
                          Techn. Mitt. AEG-Tel. (1981) 1/2,
                          S. 43...49.

/14/ Orlowski, P.   Fahrkurvenrechner für die Antriebs-
                          technik.
                          Elektronik 2/25.1. 1985, S. 53...57.

- 133 -

/15/ Herrscher, A.   Flexible Fertigungssysteme - Entwurf und Realisierung prozeßnaher Steuerungsfunktionen. ISW 39. Berlin, Heidelberg, New York: Springer-Verlag 1982.

/16/ Schulz, H., Weseslindtner, H.   Software für flexible Fertigungssysteme. ZwF 75 (1980) Nr. 8, S. 370...375.

/17/ Bauer, E.   Rechnerdirektsteuerung von Fertigungseinrichtungen. ISW 12. Berlin, Heidelberg, New-York: Springer-Verlag 1975.

/18/   Norm-Schnittstellen und Kompatibilität. Markt und Technik Nr. 5 Februar 1983, S. 21...24.

/19/ Modrich, G.   Wirtschaftlich fertigen auf einem flexiblen Fertigungssystem. tz für Metallbearbeitung 78 (1984) Nr. 2, S. 7...10.

/20/ Grössl, H.   Flexibel fertigen und prüfen auch in der dritten Schicht. techno-tip 13 (1983) Nr. 6, S. 12...15.

/21/ Waller, S.   Internationaler Standard von Steuerungstechnik und Informationsverarbeitung. wt-Z. ind. Fertig. 73 (1983), S. 287...290.

- 134 -

/22/ Renn, W.

Programmiergerät für eine programmierbare Steuerung.
HGF-Kurzberichte (Lose-Blatt-Sammlung) 80/14. Essen: Girardet-Verlag.

/23/ Stute, G.,
Storr, A.,
Grossmann, B.,
Renn, W.,
Schwager, J.

Steuersystem für ein flexibles Fertigungssystem mit integriertem Werkzeugfluß. 14th Proceedings of CIRP
International Seminar on Manufactu-
ring Systems. Trondheim/Norwegen,
Juli 1982.

/24/ Renn, W.

Mikrorechner in Regeleinrichtungen.
Seminar" Die Lageregelung an nume-
risch gesteuerten Werkzeugmaschinen".
Stuttgart, 12./15. 10. 1983;
Selbstverlag ISW-Freunde e. V. 1983,
Teil 2, S. 155...180.

/25/ Schäfer, P.
Wiczorke, M.

Lexikon der Prozeßrechnertechnik.
München: Siemens-Aktiengesell-
schaft, 1979.

/26/ Schwager, J.

Diagnose steuerungsexterner Fehler
an Fertigungseinrichtungen. ISW 48.
Berlin, Heidelberg, New York, Tokyo:
Springer-Verlag 1983.

/27/ Kneis, P.
Nijhoff, H.

Positionierbaugruppe WF625 zur
schnellen Lageregelung mit Automa-
tisierungsgeräten des Systems
SIMATIC S5.
Siemens-Energietechnik, 3. Jahrgang.
Heft 8-9 1981, S. 265...269.

/28/ Harig, K.   Digitale Signalverarbeitung an
                       elektrischen Vorschubantrieben.
                       wt.-Z. ind. Fertig. 73 (1983) 10,
                       S. 633...636.

/29/ Wörn, H.   Numerische Steuerungssysteme - Auf-
                       bau und Schnittstellen eines Mehr-
                       prozessor-Steuersystems. ISW 27.
                       Berlin, Heidelberg, New York:
                       Springer-Verlag 1979.

/30/ DIN 66221 T2   Datenübermittlung.
     (Ausgabe 1/80)

/31/ DIN 66020 T2   Funktionelle Anforderungen an die
     (Ausgabe 8/82)   Schnittstellen zwischen DEE und
                       DÜE in Datennetzen.

/32/ DIN 66259 T3   Elektrische Eigenschaften der Schnitt-
     (Ausgabe 5/81)   stellenleitungen Doppelstrom, symme-
                       trisch, bis zu 10 Mbit/s.

/33/ DIN 66259 T2   Elektrische Eigenschaften der Schnitt-
     (Ausgabe 5/81)   stellenleitungen Doppelstrom, unsym-
                       metrisch, bis zu 10Kbit/s.

/34/ Renn, W.   Transportgerätesteuerung für ein
                       flexibles Fertigungssystem-reali-
                       sierte Lösung.
                       HGF-Kurzberichte (Lose-Blatt-Samm-
                       lung) 84/46. Essen: Girardet-Verlag.

/35/ Renn, W.   Transportgerätesteuerung für ein
                       flexibles Fertigungssystem. Anfor-
                       derungen und Lösungsstrukturen.
                       HGF-Kurzberichte (Lose-Blatt-Samm-
                       lung) 83/32. Essen: Girardet-Verlag.

/36/ Stute, G.   Steuerungstechnik I und II, Vorlesungsmanuskript.
Universität Stuttgart, 1977.

/37/ König, H.   Entwurf und Strukturtheorie von Steuerungen für Fertigungseinrichtungen. ISW 13.
Berlin, Heidelberg, New York: Springer-Verlag 1976.

/38/ DIN 40719 T6   Schaltungsunterlagen. Regeln und
(Ausgabe 3/77)   graphische Symbole für Funktionspläne.

/39/ Fleckenstein, J.   Grapheninterpreter für die Abarbeitung von Funktionssteuerprogrammen in Mikroprozessorsteuerungen.
HGF-Kurzberichte (Lose-Blatt-Sammlung) 82/40. Essen: Girardet-Verlag.

/40/ Föllinger, O.   Regelungstechnik. Einführung in die Methoden und ihre Anwendung.
3. verb. Aufl.- Berlin, Frankfurt am Main: AEG-Telefunken Aktiengesellschaft 1980.

/41/ Stute, G. Hrsg.   Regelung an Werkzeugmaschinen.
München,Wien: Hanser 1981.

/42/ DIN 19226   Steuern und Regeln (Begriffe und
(Ausgabe 1/68)   Benennungen).

/43/ DIN 19229   Übertragungsverhalten dynamischer
(Ausgabe 10/75)   Systeme (Begriffe).

/44/ Hesselbach, J.   Digitale Lageregelung an numerisch
                     gesteuerten Maschinen. Ein Beitrag
                     zur Untersuchung zeitdiskreter Re-
                     gelalgorithmen. ISW 34.
                     Berlin, Heidelberg, New York:
                     Springer-Verlag 1981.

ISW Forschung und Praxis

Berichte aus dem Institut für Steuerungstechnik der Werkzeugmaschinen und Fertigungseinrichtungen der Universität Stuttgart

Herausgegeben bis Band 57 von Prof. Dr.-Ing. G. Stute †
ab Band 58 Prof. Dr.-Ing. G. Pritschow

ISW 26: L. Schenke, Auslegung einer technologisch-geometrischen Grenzregelung für die Fräsbearbeitung, 113 S., 1979

ISW 27: H. Wörn, Numerische Steuersysteme-Aufbau und Schnittstellen eines Mehrprozessorsteuersystems, 141 S., 1979

ISW 28: P. B. Osofisan, Verbesserung des Datenflusses beim fünfachsigen NC-Fräsen, 104 S., 1979

ISW 29: J. Berner, Verknüpfung fertigungstechnischer NC-Programmiersysteme, 101 S., 1979

ISW 30: K.-H. Böbel, Rechnerunterstütze Auslegung von Vorschubantrieben, 113 S., 1979

ISW 31: W. Dreher, NC-gerechte Beschreibung von Werkstücken in fertigungstechnisch orientierten Programmiersystemen, 105 S., 1980

ISW 32: R. Schurr, Rechnerunterstützte Projektierung hydrostatischer Anlagen, 115 S., 1981

ISW 33: W. Sielaff, Fünfachsiges NC-Umfangsfräsen verwundener Regelflächen. Beitrag zur Technologie und Teileprogrammierung, 97 S., 1981

ISW 34: J. Hesselbach, Digitale Lageregelung an numerisch gesteuerten Fertigungseinrichtungen, 111 S., 1981

ISW 35: P. Fischer, Rechnerunterstützte Erstellung von Schaltplänen am Beispiel der automatischen Hydraulikplanzeichnung, 111 S., 1981

ISW 36: U. Ackermann, Rechnerunterstützte Auswahl elektrischer Antriebe für spanende Werkzeugmaschinen, 118 S., 1981

ISW 37: W. Döttling, Flexible Fertigungssysteme – Steuerung und Überwachung des Fertigungsablaufs, 105 S., 1981

ISW 38: J. Firnau, Flexible Fertigungssysteme – Entwicklung und Erprobung eines zentralen Steuersystems, 112 S., 1982

ISW 39: A. Herrscher, Flexible Fertigungssysteme – Entwurf und Realisierung prozeßnaher Steuerungsfunktionen, 103 S., 1982

ISW 40: U. Spieth, Numerische Steuersysteme – Hardwareaufbau und Ablaufsteuerung eines Mehrprozessorsteuersystems, 115 S., 1982.

ISW 41: A. Schimmele, Rechnerunterstützter Entwurf von Funktionssteuerungen für Fertigungseinrichtungen, 106 S., 1982

ISW 42: M. Sanzenbacher, NC-gerechte Beschreibung von Werkstücken mit gekrümmten Flächen, 105 S., 1982.

ISW 43: W. Walter, Interaktive NC-Programmierung von Werkstücken mit gekrümmten Flächen, 112 S., 1982.

ISW 44: J. Huan, Bahnregelung zur Bahnerzeugung an numerisch gesteuerten Werkzeugmaschinen, 95 S., 1982.

ISW 45: H. Erne, Taktile Sensorführung für Handhabungseinrichtungen – Systematik und Auslegung der Steuerungen, 111 S., 1982.

ISW 46: D. Plasch, Numerische Steuersysteme – Standardisierte Softwareschnittstellen in Mehrprozessor-Steuersystemen, 112 S., 1983

ISW 47: Z. L. Wang, NC-Programmierung – Maschinennaher Einsatz von fertigungstechnisch orientierten Programmiersystemen, 103 S., 1983

ISW 48: J. Schwager, Diagnose steuerungsexterner Fehler an Fertigungseinrichtungen, 121 S., 1983

ISW 49:	P. Klemm, Strukturierung von flexiblen Bediensystemen für numerische Steuerungen, 113 S., 1984
ISW 50:	W. Runge, Simulation des dynamischen Verhaltens elektrohydraulischer Schaltungen – Einsatz von geräteorientierten, universellen Simulationsbausteinen, 132 S., 1984
ISW 51:	H. Steinhilber, Planung und Realisierung von Werkzeugversorgungssystemen für die NC-Bearbeitung, 126 S., 1984
ISW 52:	R. Ohnheiser, Integrierte Erstellung numerischer Steuerdaten für flexible Fertigungssysteme, 115 S., 1984
ISW 53:	M. Keppeler, Führungsgrößenerzeugung für numerisch bahngesteuerte Industrieroboter, 125 S., 1984
ISW 54:	P. Kohler, Automatisiertes Messen mit NC-Werkzeugmaschinen, 129 S., 1985
ISW 55:	K.-H. Rieger, Rechnerunterstützte Projektierung der Hardware und Software von speicherprogrammierten Steuerungen, 123 S., 1985
ISW 56:	G. Vogt, Digitale Regelung von Asynchronmotoren für numerisch gesteuerte Fertigungseinrichtungen, 126 S., 1985
ISW 57:	S. Chmielnicki, Flexible Fertigungssysteme – Simulation der Prozesse als Hilfsmittel zur Planung und zum Test von Steuerprogrammen, 120 S., 1985
ISW 58:	W. Renn, Struktur und Aufbau prozeßnaher Steuergeräte zur Verkettung in flexiblen Fertigungssystemen, 137 S., 1986

Die Bände ISW 1 – ISW 45 vergriffen

Springer-Verlag
Berlin Heidelberg New York Tokyo